KB006873

나쁜 씨앗들

우리를 매혹시킨 치명적인 식물들

Originally published in France as:
Mauvaises graines.
La surprenante histoire des plantes qui piquent, qui brûlent et qui tuent !
by Katia ASTAFIEFF

Saccharum officinarum

Hippomane mancinella

나쁜 씨앗들

우리를 매혹시킨 치명적인 식물들

카티아 아스타피에프 지음 | 권지현 옮김

꽃과 풀들의 위험한 이중생활

독으로 자신을 지키는 식물 이야기

Strychnos nux-vomica

Datura stramonium

Cryptomeria japonica

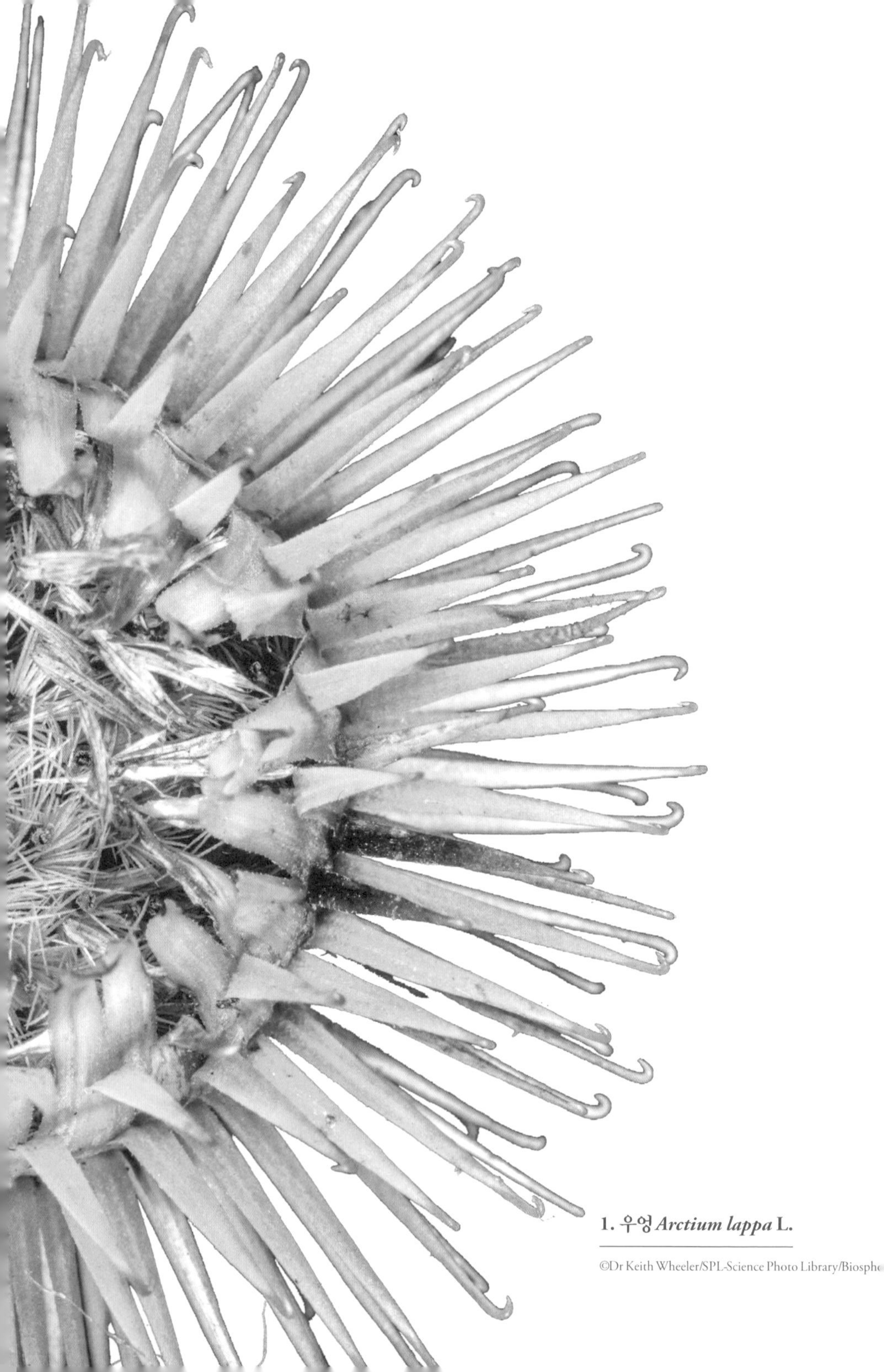

1. 우엉 *Arctium lappa* L.

2. 포이소이 *Euphorbia poissonii* Pax.

©Marukosu/Shutterstock

3. 스테르쿨리아 포이티다 *Sterculia foetida* L.

©pisitpong2017/Shutterstock

4. 시체꽃 *Amorphophallus titanum* (Becc.)

5. 앉은부채 *Symplocarpus foetidus* (L.) Salisb. ex W.P.C. Barton

6. 라플레시아 *Rafflesia arnoldii* R. Br.

7. 덴드로크니데 모로이데스 *Dendrocnide moroides* (Wedd.) Chew.

8. 우르티카 페록스 *Urtica ferox* G. Forst.

©ChameleonsEye/Shutterstock

9. 히포마네 망키넬라 *Hippomane mancinella* L.

©SariMe/Shutterstock

10. 큰멧돼지풀 *Heracleum mantegazzianum* Sommier & Levier

©Andrew Lawson/Flora Press/Biosphoto

11. 헤디키움 가르드네리아눔 *Hedychium gardnerianum* Sheppard ex Ker Gawl.

©Frédéric Tournay/Biosphoto

12. 아소르스 제도 상미겔섬의 조엽수림에 헤디키움 가르드네리아눔이 침입했다.

13. 미코니아 칼베스켄스 *Miconia calvescens* DC.

© Jeffdelonge/Wikimedia

14. 돼지풀 ***Ambrosia artemisiifolia*** **L.**

15. 삼나무 *Cryptomeria japonica* D. Don : 나무 전체 모습(위)과 그 꽃가루(아래)

16. 우아즈의 제르브루아 주목(*Taxus baccata* L.)은 300년 이상 된 동굴 모양의 나무이다.

©JR P/Flickr

17. 서양주목 *Taxus baccata* L.

©Richard Donovan/Shutterstock

18. 니코티아나 아테누아타 *Nicotiana attenuata* Torr. ex S. Watson

19. 만둑차 섹스타(*Manduca sexta*)는 담배의 포식자이다.

20. 코카나무 *Erythroxylum coca* Lam.

©Greentellect Studio/Shutterstock

21. 마전 *Strychnos nux-vomica* L.

©Khuanphirom Naruangsri/Shutterstock

22. 삼 *Cannabis sativa* L.

23. 독말풀 *Datura stramonium* L.

©Dr Keith Wheeler/SPL-Science Photo Library/Biosphoto

24. 캅시쿰 안누움 *Capsicum annuum* L.

©AlexCsabo/Shutterstock

차례

2 우리의 피부를 공격하는 식물

3 외계 식물

4 에취!

5 가짜 천국

6 치명적 악명

프롤로그

식물은 참으로 경이롭다. 그래서 내가 식물을 좋아하는가 보다. 아마 독자 여러분도 그럴 것이다. 어찌 좋아하지 않을 수 있을까? 아름답고 향기롭고 신비로운 식물은 우리의 삶을 즐겁게 만드니 말이다. 식물을 기르거나 남에게 선물하기를 싫어하는 사람은 없을 것이다. 식물은 창의적이고 기막히게 다채롭다. 하지만 그게 다가 아니다. 식물이 없다면 인간도 존재하지 못할 테니까. 식물이 산소를 만들기 때문에 우리가 숨을 쉴 수 있다. 그뿐만 아니라 우리의 병을 치료할 수 있는 유효성분, 우리의 몸을 살찌울 양분, 우리의 삶에 꼭 필요한 목재나 섬유 같은 온갖 자원도 내어준다. 얼마나 대단한가! 식물이야말로 진정한 슈퍼영웅이다. 식물이 없다면 우리는 집이나 배를 만들 수 없고 의

약품이나 화장품도 만들 수 없다. 음식에 향긋한 향신료를 넣을 수도 없고, 옷을 만들어 입을 수도 없다. 이렇듯 식물의 용도는 끝이 없다. 이렇게 매우 구체적인 용도가 아니더라도, 나무 한 그루 없이 회색 아스팔트로만 이루어진 우울한 환경을 상상해 보라. 그런 곳에서 행복한 삶을 꿈꾸기란 불가능하다.

식물의 이미지는 이처럼 매우 긍정적이다. 그런데 우리는 닿으면 따갑고 간지럽고, 심지어 목숨을 앗을 정도로 치명적인 식물도 있다는 사실을 가끔 잊곤 한다. 암을 유발하는 담배, 중독을 낳는 코카나무, 발효되면 취하게 만들 수 있는 사탕수수처럼 멀리해야 할 식물은 말할 것도 없다. 이 세상에 아름다운 꽃만 있는 건 아닌 모양이다. 불량배, 사기꾼, 장난꾸러기 같은 식물도 있다. 진짜 건달들 말이다. 이런 식물은 자신을 보호하려고 인간을 중독시키는 무서운 전략을 쓸 줄 안다. 협죽도, 독말풀, 콜키쿰이 그 예다. 역사에는 크든 작든 유명한 독살 이야기가 자주 등장한다. 한니발은 투구꽃과 독당근을 먹고 자살했고, 햄릿은 사리풀로 독살되었다고 알려졌다.

식물을 재료로 만든 마약도 전 세계에서 많은 죽음을 낳았다. 병을 일으키거나 과다복용했거나 마약으로 발생한 폭력행위로 말이다. 코카나무, 양귀비, 대마로 만든 불법 마약이든 담배나 술 같은 합법적인 마약이든 식물에서 추출한 물질이 비극적인 결과를 낳을 수 있다.

그보다 순한 식물들은 우리 몸을 간지럽히거나 따갑게 하거나 알레르기를 일으킬 뿐이다. 그건 죽음보다 비극적이지 않지만 불편함을 초래하는 건 사실이다. 큰멧돼지풀의 진액은 피부염을 일으키고 자작나무나 돼지풀은 강렬한 알레르기를 일으키니, 제발 마주치는 일이 없기를! 알레르기를 유발하는 식물은 실제로 국민 건강의 골칫덩어리다. 유럽인 중 꽃가루에 알레르기가 있는 사람이 20~25퍼센트나 되니 말이다. 2050년이 되면 그 수치가 50퍼센트까지 치솟는다고 한다. 기후변화와 오염이 그 원인이다.

그런가 하면 해외에서 유입된 침입종도 문제다. 일반적으로 인간에게 해가 덜하지만(그래도 해는 해다) 생물다양성을 심각하게 훼손할 수 있다. 섬에서는 침입종이 자연서식지 파괴에 이어 생물다양성 훼손의 두 번째 원인이기도 하다. 만약 서둘러 대책을 마련하지 않으면 침입종을 없애는 데 드는 비용은 천문학적으로 올라갈 것이다. 나는 침입종을 말할 때 타히티의 미코니아 칼베스켄스*Miconia calvescens*를 자주 언급한다. 이 나무는 타히티섬 면적의 3분의 2를 차지해서 토종식물의 절반을 위협한다. 그래서 타히티 주민들은 이 나무를 '푸른 암'이라고 부른다. 레위니옹섬의 루부스 알케이폴리우스*Rubus alceifolius*도 비슷한 피해를 줬다. 다행스럽게도 이 침입종을 박멸하려는 노력이 결실을 거두는 것 같지만 말이다. 해양식물 침입종도 환경에 심각한 영향을 끼친다. 요즘은 부레옥잠의 섬유를 정화제나 가구와 소품을 만드는 공예 소재로 사용하기는 하지만 부레옥잠도 증식 속도가 대단하다.

그러니 프랑스 낭만주의의 선구자 샤토브리앙처럼 자연을 서정적이고 낭만적으로 바라볼 수만은 없다. 우리는 피를 철철 흘리는 먹잇감을 잡아먹는 사자는 쉽게 머릿속에 그리지만 나무가 공격적이고 교활할 수 있다는 상상은 잘하지 못한다.

물론 '착한' 식물이나 '나쁜' 식물이 있는 건 아니다. 식물은 식물일 뿐이고 식물을 이용하는 인간이 나쁜 결과를 낳는 것이다. 혹은 단순히 인간과 접촉한 것이 그런 결과를 낳을 수도 있다. 나머지는 우리가 식물에 대해 가진 잘못된 생각에서 비롯된다.

그런데 사실은 이중첩자 같은 식물도 있다. 이런 식물은 우리를 중독시키고 심지어 죽이기도 하지만 동시에 암을 억제하는 물질을 품고 있다. 주목이 그런 식물이다. 쩍쩍 달라붙어 우리를 귀찮게 하지만 혁신의 원천이 된 식물도 있는데, 그것이 일명 '찍찍이'를 탄생시킨 우엉이다.

물론 이런 식물들이 인간을 못살게 굴려고 무서운 성질을 발달시킨 건 아니다. 힘든 환경에 적응하면서 생긴 새로운 형질을 이용하는 것뿐이다. 식물은 공격받아도 도망칠 수 있는 다리가 없으니 속임수를 쓸 수밖에 없다.

독성이 있는 식물은 포식자를 물리칠 수 있는 물질을 만들어낸다. 이를 '2차 대사 산물'이라고 부른다. 양분 제공과 성장에 필요한 1차 대사 산물과 달리 2차 대사 산물은 광합성으로 직접 생산되지 않고 그 이후에 일어난 반응에서 생긴 화학 물질이다. 식물의 성장에는 직접 관여하지 않지만 자기 방어를 가능하게 한다. 그러한 물질에는 이소프레노이드, 페놀류, 알칼로이드 등 세 종류의 화합물이 있다. 이소프레노이드에는 방향유가 들어있어 인간과 곤충이 쉽게 구분할 수 있다. 페놀류에는 타닌이 들어있고, 알칼로이드에는 식물에서 나는 성분 중 가장 유명한 니코틴, 모르핀, 코카인, 카페인 등이 포함된다. 이러한 물질들은 독성이 매우 강하지만 치료제를 제조하는 데 쓰이기도 한다.

나는 이 책에서 '나쁜' 풀들에 대해서 말하려는 것이 아니다. 몇 톤의 농약을 자연에 뿌리는 것보다 들판에 자라는 개양귀비를 보는 게 더 낫다는 것을 모르는 이가 있을까?

끔찍한 식물 이야기로 독자에게 겁을 주려고 이 책을 쓴 것도 아니다. 오히려 그 반대다. 내가 식물을 좋아하는 이유는 아름다움 때문이 아니라는 사실을 여러분도 알아차렸을 것이다. 자연을 사랑하는 마음은 자연을 알고 싶은 마음, 이해하고 싶은 마음이기도 하다. 식물을 이해한다는 것은 식물의 생리, 진화, 용도에 흥미를 갖는 것이며, 식물의 역사와 식물을 발견한 식물학자들의 이야기를 아는 것이다. 골치 썩이는 (혹은 진짜 위험한) 식물들도 그런 만큼 매혹적이다. 식물이 사용하는 무기들을 알아내는 일은 마음을 사로잡는다. 식물은 인간에게 이롭거나 해로운 성분들을 가지고 있고, 인간은 그 성분들의 비밀을 파헤치기 위해 오래전부터 애쓰고 있다.

끔찍하고 때로는 비극적인 식물들의 모험은 닭살을 돋게 할지도 모르지만 그렇다고 자연이 주는 기쁨을 외면하면 안 된다. 그런 식물들이 어떻게 진화해서 환경에 적응했는지 배우면서 독자들도 나처럼 식물을 좋아하게 되기를 기대한다. 사랑받지 못하지만 아주 근사한 이 식물들에 경의를 표한다.

자연을 배우면 생명도 살릴 수 있다. 2019년 5월에 프랑스 낭트에서 한 남자가 사망하는 사건이 벌어졌다. 이 남자는 정원에 자라던 식물을 섭취한 뒤에 죽었는데, 범인은 필시 오이난테 크로카타*Oenanthe crocata*일 것이다. 당근과 구분하기 힘들 정도로 닮은 이 식물의 덩이줄기를 먹은 탓이다. 이런 사고는 흔치 않지만 식물에 대해 알고 구분할 줄 알면 비극을 피할 수 있다. "자연에서 온 것은 다 좋다"는 말이 요즘 유행이다. 그런데 만약 자연이 좋지도 나쁘지도 않다면 자연에 대해 잘 모르는 것은 우리를 실제적인 위험에 노출시킬 수 있다. 소위 '전통' 요법이라고 하는 것이 악몽으로 변할 수 있는 것이다. 인터넷에서 여드름이나 부스럼에 무화과나무 잎을 쓰라는 정보를 얻을 수 있는데, 이 말을 따르다가 매우 심각한 화상을 입을 수도 있다. 무화과는 아주 맛있는 과일이지만 그 잎은 독성이 매우 강하다.

참고로 이 책에서 내가 양파를 '장난꾸러기', 우엉을 '심술쟁이', 큰멧돼지풀을 '악마'라고 부르는 것은 독자의 호기심을 불러일으키려는 의도 그 이상도 그 이하도 아니다. 양파, 우엉, 큰멧돼지풀에게 사악한 영혼이 있을 리 없다. 시간이 흐르면서 환경에 적응을 쉽게 할 수 있도록 놀라운 능력을 습득했을 뿐이다.

악명 높은 식물들에 아직 놀랄 일이 많이 남았다.

1

통곡의 정원

심술궂은 식물들은 인간을 성가시게 할 효과적인 방법을 찾아냈다. 양파는 우리를 눈물짓게 하고, 고추는 눈을 따갑게 하며, 우엉은 접착제처럼 양말에 달라붙는다. 이 식물들이 못돼먹어서가 아니라 자기를 방어하고 씨앗을 퍼뜨리기 위해 빈틈없는 전략을 개발한 것이다.

눈물 쏙 빼는
장난꾸러기 알뿌리

채소이자 전 세계 모든 요리에 반드시 들어가는 재료인 양파는 우리에게 눈물을 쏟게도 할 줄 안다. 이 장난꾸러기는 어떻게 그럴 수 있는 걸까?

어느 날 나는 저녁 초대를 해준 친구 집으로 향했다. 그런데 이게 웬일인가! 문을 열어준 친구는 물안경을 쓴 채 나를 맞았다. 손에 식칼까지 들고서! 곧바로 뒤로 돌아 도망칠 수도 있었고 이건 무슨 몰래 카메라냐고 물을 수도 있었다. 하지만 나는 둘 다 하지 않았다. 친구는 그저 요리 중이었다. 양파를 까고 있었던 것이다. 모르는 사람이 없는 양파는 수선화과에 속하고,

파, 부추, 샬럿, 마늘과 함께 부춧속에 속한다. 학명은 알리움 케파*Allium cepa*이다. 어떻게 한낱 채소가 인간을 우스꽝스럽게 만들 수 있는지 궁금하다.

수백 년 동안 인간의 혀를 즐겁게 해준 양파는 눈물샘을 자극한다는 단점도 지녔다. 고대부터 재배된 양파에 많은 예술가가 영감을 얻기도 했다. 예를 들어 프랑스의 문인 쥘 르나르는 1906년 9월 17일 일기에서 양파를 이렇게 묘사했다.

서른여섯 벌의 조끼를 껴입은 광대처럼 뚱뚱하게 부푼 양파.

그런데 왜 이 녀석은 우리의 눈에 눈물이 맺히게 하는 걸까? 과학자들도 이 문제를 진지하게 다뤘다. 스위스의 로잔공과대학교는 학교 사이트에 일반인을 대상으로 양파가 왜 눈물을 흘리게 하는지 아느냐고 질문을 던졌다.[1] 그러자 응답자 가운데 1퍼센트가 기발한 답변을 내놓았다.

"양파가 슬픔 호르몬을 자극하기 때문이다."

참으로 독특한 가설이 아닐 수 없다. 57퍼센트의 응답자는 "양파가 캡사이신을 내뿜기 때문이다"라고 대답했지만 이것도 오답이다. 캡사이신은 고추에 들어있는 성분이다. 42퍼센트의 응답자만 정답을 내놓았다.

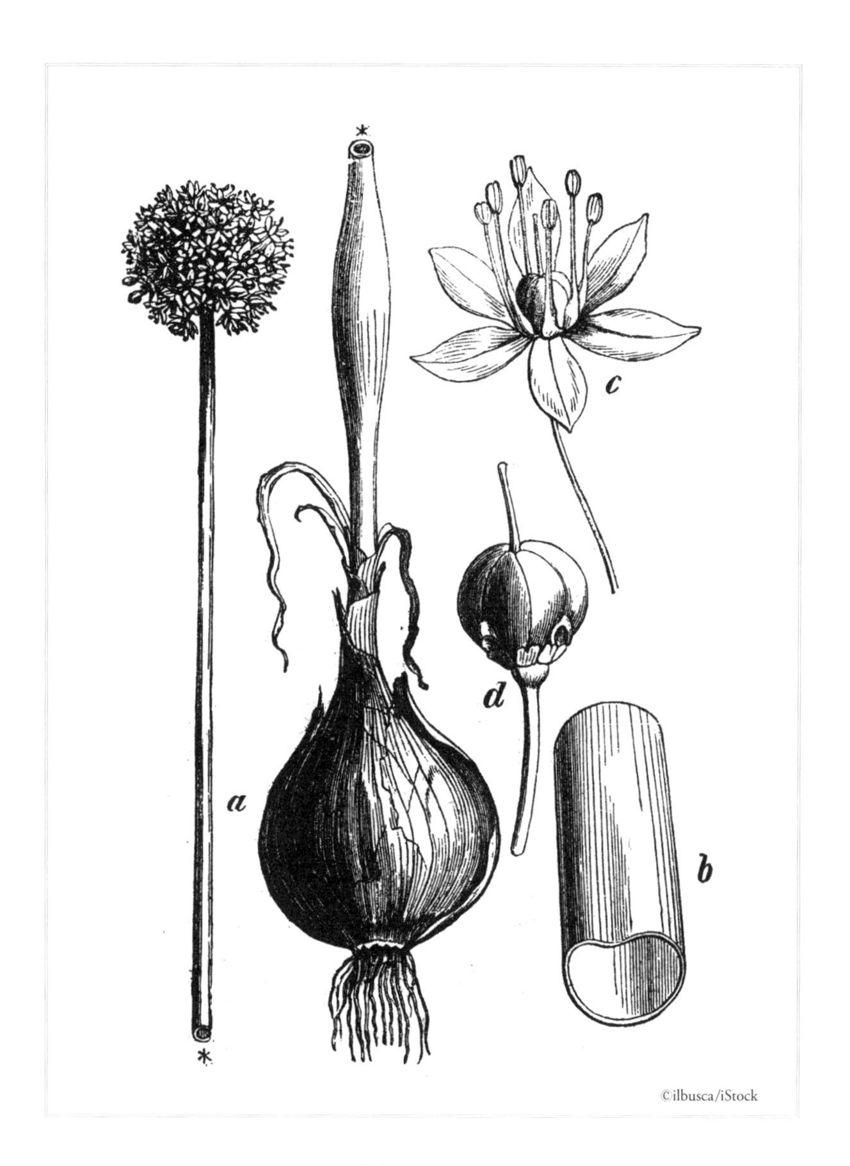

양파 ***Allium cepa***

"양파에 황산의 전구체가 들어있기 때문이다."

양파는 그 자체가 작은 화학공장이라 할 수 있다. 이미 알고 있겠지만 우리가 눈물을 흘리는 건 양파를 자를 때만이다. 양파의 입장에 서보자. 칼이 당신의 몸을 채로 썰기 시작한다면 아마 당신은 자기 자신을 보호해야겠다는 생각을 할 것이다. 그리고 첫 번째 전술은 도망가는 것이리라. 그런데 양파는 도망칠 수 없으니 여느 식물과 마찬가지로 다른 방어기제를 쓴다.

모든 것은 땅에서 시작되었다. 양파는 땅속에서 황 화합물을 흡수하고 저장한다. 양파의 독특한 맛과 냄새가 나는 원인이 바로 이 황 화합물이다. 그 이름은 누가 봐도 근사한 '1-프로페닐-L-시스테인설폭사이드'이고, 익숙한 사람들에게는 '1-PRENCSO'로 알려져 있다. 양파의 껍질을 벗길 때 칼날이 세포를 찢으면 황 성분이 알리이나아제라는 효소와 만난다. 양파와 마늘이 속한 과의 옛 이름이 알리오아케아이*Alliaceae*였으니 그 관계를 쉽게 파악할 수 있을 것이다. 황 성분과 효소가 만나면 화학반응이 일어나고 눈물을 만들어내는 합성 효소에 의해 자극적이고 휘발성 있는 기체인 프로페인사이얼이 형성된다. 프로페인사이얼은 곤충을 물리치는 효과가 있다. 도마 위에 놓인 양파에서도 이 기체가 휘발되면서 우리 눈까지 도달한다. 하지만 그게 다가 아니다. 눈의 표면을 덮고 있는 액체와 결합하면서 황산으로 변한다. 효과는 즉각적이다. 눈이 빨개지고 눈물이 흐른다. 양파 요리를 하면서 울지 않을 방법은 무엇일까? 정답은 없다. 각자 비법을 가지고 있을 뿐.

내 친구가 선택한 방법은 물안경을 쓰는 것이었다. 눈에 좀 덜 띄고 싶다면 스키 마스크를 쓸 수도 있겠다. 양파를 물에 씻거나 냉장고에 잠깐 넣었다 꺼내는 것도 방법이다. 창문을 열어 환기시키거나 후드를 켜면 망할 성분을 조금 날려 보낼 수 있을 것이다. 아무튼, 성냥(물론 불 꺼진)을 입에 문다거나 혀를 내밀라는 등 허무맹랑한 조언을 따르지는 말라. 얼마나 웃긴 아이디어인가! 아무런 위험도 감수하고 싶지 않다면 얼린 양파를 사용하고, 다이빙 고글을 착용하고, 수돗물을 틀어놓고, 혀를 내밀라! 하지만 그런 당신을 누군가 보고 웃다가 눈물을 흘리는 위험은 피하지 못할 것이다.

양파를 까도 눈물이 흐르지 않는다면? 그런 꿈을 꾼 적이 있나? 미국의 한 기업이 그 꿈을 실현했다. 30년의 연구와 선별 작업 끝에 눈물이 전혀 나지 않는 양파 '수니언'을 개발해서 2018년 3월에 시판했다. 생산자들은 소비자에게 '최고의 양파 경험'을 약속했다. '최고의 양파 경험'이라니, 놀이공원 광고 같지 않은가? 수니언은 유전자변형 작물이 아니라 교배를 통해 만들어낸 신종 양파다. 아주 달아서 팝콘처럼 먹을 수 있을 정도다. 그런데 그런 양파를 양파라고 할 수 있을까? 수니언은 양파의 특징을 잃어버린 것이 아닐까? 양파의 특성을 빼버리고 싶은 원대한 꿈은 눈물이 날 정도로 슬픈 일이 아닐까?

혀를 얼얼하게 만드는 식물

눈물을 유발하는 식물이 있는가 하면 뜨거운 모험으로 우리를 불타오르게 하는 식물도 있다. 이번 꼭지는 아주 '핫'하니 미리 경고!

인도 남부를 여행할 때의 일이다. 나는 저녁을 먹으러 작은 전통 식당에 갔다. 동네 주민들이 자주 드나드는 단골 식당 같은 곳이었다. 종업원이 내게 혹시 매운 음식을 좋아하느냐고 물었다. 두말하면 잔소리. 나는 매운 음식을 아주 좋아한다. 내가 모르고 있었던 점은 인도에서 '맵다'고 하는 것과 유럽에서 '맵다'고 하는 것이 아주 다르다는 사실이었다. 유럽인에게 매운맛이 인도인에게는 사탕처럼 달콤한 맛이다. 주문해서 나온 닭고기 요리는 예쁜 양홍색을 띠었다. 인도의 전통요리를 맛볼 수 있어 감격한 나는 서둘러 한입 가득 닭고기를 넣었다. 반응은 즉각적이었다. 목이 타들어 가고 얼굴은 새빨개졌다. 입에 불이 났고 눈물이 멈추지 않았다. 입에 난 불을 어떻게 꺼야 할지 몰랐다. 빨개진 볼을 타고 땀이 줄줄 흘러내렸고 끔찍한 고통이 시작되었다. 얼마나 더웠던지 화형대 위의 잔 다르크가 된 기분이었다. 목에서 이런 느낌을 받는 건 처음이었다. 나는 테이블 위에 있던 라씨를 황급히 들이켰다. 하지만 통증은 가라앉지 않았다. 그것은 진짜 매운 고추였다. 어쩌면 나처럼 누구나 한번쯤 입을 얼얼하게 만드는 이 작은 열매에 욕설을 퍼부었을지 모른다. 고통이 훨씬 컸던 사람도 있었을 것이다. 고추는 고문 도구로 사용되기도 하니 말이다.

음식의 맛을 살리면서도 입안을 화끈하게 만드는 이 식물의 정체는 무엇일까? 고추는 토마토, 가지와 함께 가짓과에 속하고 아메리카가 원산지인 고춧속 식물이다. 아메리카 원주민들은 9,000년 전부터 고추를 심었다. 고추를 공식적으로 '발견'한 사람은 유명한 크리스토퍼 콜럼버스이다. 그가 고추를 처음 본 곳은 현재 아이티와 도미니카공화국으로 나뉘어 있는 히스파니올라섬이었다. 그는 고추를 관찰한 내용을 유럽에 알렸다. 그 무렵 원주민들은 고추를 '악시axi' 또는 '아지aji'라고 불렀다. 콜럼버스는 이런 기록을 남겼다.

> 이곳에서는 흑후추보다 더 맛있는 아지가 아주 많이 나고 누구나 아지를 먹는다. 아지는 건강에 매우 좋다.

고추가 유럽에 수입된 해는 1530년이다. 인도의 고아주에서 포르투갈 항해사들이 들여온 것이다. 현재 인도는 세계 1위의 고추 생산국이고, 인도 음식에도 고추가 많이 들어간다. 위험을 무릅쓰고 한번 드셔보시길!

가장 대중적인 종은 캅시쿰 안누움*Capsicum annuum*으로 매운 고추와 단 고추 여러 종이 여기에 속한다(19쪽 사진 24 참조). 단 고추는 맵지 않은 파프리카와 피망을 가리킨다. 유럽표준식물목록에는 고추와 단 고추 2,300종이 분류되어 있다.

그런데 고추를 먹으면 왜 입이 얼얼할까? 매운맛을 내는 성분은 '캡사이신'이라고 부르는 알칼로이드이다. 고추에 이 물질이 들어있는 것은 우연이 아니다. 캡사이신은 포식자로부터 고추를 보호하는 역할을 한다. 칠리 콘 카르네나 고추를 넣은 감바스를 좋아하는 동물이 어디 있겠나. 동물 대부분은 혀를 얼얼하게 하는 식물을 좋아하지 않을 것이다. 자연의 섭리는 신비로

워서, 새들은 고추의 매운맛에 둔감하다. 그래서 고추를 먹고 그 씨앗을 널리 퍼뜨린다. 후추(피페린)나 생강(진저롤)에도 비슷한 성분이 들어있다.

매운맛을 내는 물질은 1816년에 독일 화학자 크리스티안 프리드리히 부홀츠(1770~1818)가 발견하고 분리했다. 30년 뒤에 이를 트레시라는 사람이 결정 형태로 합성하고 '캡사이신'이라는 이름을 붙였다. 1878년에는 한 헝가리 의사가 캡사이신이 자극을 일으키는 물질일 뿐 아니라 위액 분비를 촉진한다는 사실을 증명했다.

몇 십 년이 지난 뒤인 1912년에 미국의 약학자 윌버 스코빌(1865~1942)이 고추의 매운맛을 측정하는 단위인 '스코빌 척도'를 고안했다. 캡사이신 성분을 화학적으로 측정하는 것이 아니라 주관적인 테스트를 하는 기준이다. 말린 고추를 알코올에 용해시키고 설탕물에 희석해서 여러 측정자(보통 5명)에게 먹인다. 얼얼한 감각이 사라지지 않으면 용액을 더 희석한다. 그렇게 해서 측정된 값이 고추의 매운맛 정도를 나타낸다. 물이 더 많이 필요할수록 값은 올라간다. 캡사이신이 거의 들지 않은 피망의 스코빌 척도는 0~100SHU이고, 파프리카는 100~500SHU이다. 쿠스쿠스에 들어가는 매운 양념인 하리사의 스코빌 척도는 550~600SHU 정도이다. 타바스코 소스는 2,500~5,000SHU까

아바네로 고추 *Capsicum chinense*

지 올라간다. 카옌 고추부터는 만만치 않다. 스코빌 척도가 3만~5만SHU까지 치솟기 때문이다. 후추의 매운 성분인 피페린의 값은 10만~16만SHU나 된다.

아바네로 고추도 얕볼 수 없다. 학명이 캅시쿰 키넨세*Capsicum chinense*인 이 고추는 멕시코가 원산지인데, '앤틸리스 고추' 또는 '일곱 솥 고추'(고추 1개로 7개의 솥에 든 요리의 양념을 할 수 있다나!)라고도 불린다. 이 고추의 변종 중에는 스코빌 척도가 57만 5,000SHU에 이르는 고추도 있다. 이런 고추로 요리라도 하려면 기동대원이나 시위자처럼 장갑과 마스크를 껴야 할 지경이다. 최루탄만큼이나 맵기 때문이다.

세계에서 가장 매운 고추의 최고봉은 부트 졸로키아Bhut Jolokia이다. 인도산 교배품종인 부트 졸로키아의 스코빌 척도는 100만SHU로 기네스북에 올랐다. 그러나 세계 최고가 되기 위한 경쟁은 아직 끝나지 않았다. 2013년에 트리니다드 모루가 스콜피온Trinidad moruga scorpion의 값은 200만SHU에 이르렀다. 그러나 이 기록은 220만SHU를 나타낸 캐롤라이나 리퍼Carolina reaper에 의해 깨지고 말았다. 그러자 영국의 한 원예가가 '드래곤스 브레스dragon's breath'라는 변종을 만들어냈는데, 아마도 우연이었던 듯싶다. 원래 관상용으로 쓸 변종을 만들고 싶었는데 결과가 예상보다 더 화끈했던 것. 그는 자신이 만든 고추가 워낙 매워서 먹으면 죽을 수도 있다고 주장했다. 과장하기는……. 최후의 우승자는 2017년에 나타난 '페퍼 X'이다. 이 고추의 스코빌 척도는 318만 SHU나 된다. 이 녹색 고추의 생김새는 아주 작고 귀엽지만 매운 맛만큼은 폭발적이다.

스코빌 척도에 관한 이야기를 마치기 전에 세상에서 가장 매운 물질은 레시니페라톡신으로, 그 값이 150억SHU에 이른다는 것을 알아두자. 캡사이신보다 1,000배나 매운 것이다. 레시니페라톡신은 고추가 아니라 모로코가 원산지인 유르포피아속 식물 백각기린*Euphorbia resinifera*의 유액에서 추출한 물질이다. 서아프리카가 원산지인 포이소이*Euphorbia poissonii*(5쪽 사진 2 참조) 등 다른 유르포피아속 식물에도 이 물질이 들어있다. 유액은 타들어 가는 느낌을 줄 뿐 아니라 부식성이 매우 강하므로 조심하시길!

하리사 정도만 먹어도 목구멍이 따가우니 지금까지 소개한 고추를 직접 씹어 먹어볼 필요는 없다. 이런 고추로 누군가를 골탕 먹일 생각이라면 당장 그만두시길. 미국 캘리포니아에서 47세의 남성이 햄버거를 먹다가 부트 졸로키아[2] 고추가 든 소스를 먹었다. 그는 먹기대회에 출전 중이었다. 이 불쌍한 남자는 소스를 먹고 난 뒤에 심하게 구토를 하기 시작했고 결국 식도에 직경 2.5센티미터의 구멍이 나고 말았다. 곧장 응급실로 직행해서 삽관을 하고 수술에 들어가지 않았다면 그는 죽었을지도 모른다. 그는 그로부터 23일 뒤에나 위 내시경의 추억을 안고 퇴원할 수 있었다.

캡사이신은 경찰이 시위대에 사용하는 페퍼 스프레이의 성분이다. 페퍼 스프레이는 곰 퇴치용으로 사용되기도 하니 캐나다에서 하이킹을 할 때 유용할 수 있다. 하지만 사용할 때에는 조심해야 한다. 2018년 12월, 한 유명한 배송업체 창고에서 기계 오작동으로 곰 퇴치용 페퍼 스프레이에 구멍이 나는 바람에 직원 24명이 입원한 일도 있었으니 말이다.

캡사이신은 어떻게 작용할까? 이 물질은 세포의 수용체를 자극하고, 자극을 받은 수용체는 VRL1(VR은 바닐로이드 수용체의 약자이다. 바닐라에서 추출된 성분인 바닐린처럼 캡사이신도 '바닐로이드'라고 부르는 물질에 속하기 때문이다. 바닐라는 달콤해서 고추와는 아주 멀어 보여서 놀랍기도 하다)을 활성화시킨다. 모든 일은 미뢰로 뒤덮인 우리의 구강 내에서 벌어진다. 미뢰에는 뇌와 연결된 감각 세포들이 들어 있다. 캡사이신은 이 감각 세포의 수용체를 활성화시킨다. 자물쇠에 열쇠를 꽂는 이미지를 상상하면 이해가 쉽다. 그리고 '아, 매워!'라는 메시지를 뇌에 보낸다. 캡사이신은 따라서 입안을 얼얼하게 하는 게 아니라 얼얼한 '느낌'만 줄 뿐이다. 이 차이를 알자. 마치 우리가 혀가 아픈 것처럼 느끼게 만드는 일종의 마법사 같은 존재인 것이다.

아주 매운 고추를 먹어 수술까지 했던 남자는 왜 식도에 구멍이 났을까? 사실 저명한 과학 관련 인터넷 사이트와 저널에서 심심치 않게 등장하는 이 남자의 이야기는 가짜 뉴스이거나 적어도 완전하지 않다. 고추는 이 불쌍한 남자에게 닥친 일의 주범이 아니다. 그는 식도 내압이 급작스럽게 상승하면서 식도 파열을 일으키는 부르하버 증후군을 앓고 있었다. 그런데도 어리석은 내기에 참가해서 술과 햄버거를 너무 빨리 먹어치웠던 것이다. 고추 소스를 곁들였든 아니든 결과는 마찬가지였을 것이다. 과식해서 구토가 자꾸 일어나자 식도가 파열된 것이다. 사실 이 가짜 뉴스는 건너뛸 수도 있었지만 고추가 그렇게 위험하다는 걸 (그리고 가짜 뉴스를 조심해야 한다는 걸) 알리기 위해서 어쩔 수 없었다. 이번에는 2018년에 신문 1면을 장식한 놀라운 사건을 들여다보자. 한 미국인 남성이 캐롤라이나 리퍼[3]를 먹고 갑작스럽게 극심한 두통에 시달렸다. 의사들은 (회복 가능한) 뇌혈관 수축이라는 진단을 내렸다. 환자의 상태는 심각했는데 사실 드물고 특이한 사례였다.

아무튼 매운 고추를 먹고 입이 얼얼할 때는 물을 아무리 마셔봤자 소용이 없다. 캡사이신은 소수성 물질이라서 물에 녹지 않는다. 차라리 우유나 기름을 마셔라. 또 고추를 만진 다음에는 손을 씻고 눈을 절대 비비지 말라.

고춧속 식물은 포식자들로부터 몸을 보호하기 위해 매운 물질을 만드는 것이지 인간이 얼얼한 장난이나 치라고 만든 것이 아니다. 이런 식물의 열매는 동물들이 따 먹지 않는다. 그런데 최근 중국 과학자들[4]이 청서번티기라는 작은 포유류에게 고추를 먹어도 아무렇지도 않게 만드는 방어기제가 있다는 놀라운 사실을 발견했다. 청서번티기는 동남아시아에 서식하지만 고추는 아메리카 대륙이 원산지이다. 과학자들은 청서번티기에게서 유전자변형이 일어나 캡사이신이 몸에서 활성화되지 않는다는 사실을 알아냈다. 청서번티기가 고추와 다른 대륙에서 살았지만 고추와 비슷한 효과를 일으키는 후춧속 식물인 피페르 보이흐메리아폴리움*Piper boehmeriaefolium*에 적응한 결과이다. 그 덕분에 청서번티기는 먹이가 늘어난 셈이고 생존에도 유리해졌다.

쾌락과 고통이 불가분의 관계에 있는 것처럼 고추도 고통과 더불어 쾌락도 준다. 다만 어디까지가 고통이고 어디서부터 쾌락인지 알 수 없다. 뇌가 통각을 인식하면 엔도르핀을 분비한다. 엔도르핀은 모르핀의 유사 물질로, 통증을 억제하고 행복감을 불러일으킨다. 이 물질은 시상하부-뇌하수체계에서 분비되고 통증 반응을 조절하는 수용체에 고착된다. 운동할 때 잘 분비되는 엔도르핀은 '행복 호르몬'이라고도 불린다.

고추는 밋밋한 음식에 맛을 더하지만 그 밖에도 장점이 있다는 사실이 최근 드러났다. 고추는 특히 심장에 좋아서 심장마비나 뇌출혈의 위험을 줄여준다. 2017년에 미국에서 이뤄진 연구[5]에 따르면 고추를 규칙적으로 먹으면 사망률이 13퍼센트나 줄어든다. 이 결과는 2015년에 중국에서 발표된 연구 결과와 맥락을 같이한다. 중국 연구도 매운 음식을 주기적으로 섭취하면 수명이 증가한다는 결론을 내렸다.[6]

고추에는 항염증, 항산화, 항균 성분도 들어있다. 캡사이신은 통증을 막는 약으로도 쓰이고 암세포를 억제하는 기능도 있다고 한다. 비알레르기성 만성 비염을 치료하기 위한 스프레이 약이 나온 적도 있지만 효과는 입증되지 않았다.[7]

기적의 치료제는 존재하지 않는 법. 눈물 콧물 쏟을 고추를 먹기 전에 먼저 의사를 찾아가기를!

찰거머리 갈기는!

어떤 식물들은 정말 성가시다. 걸을 때 발에 거머리처럼 달라붙어서 편안하게 산책을 할 수 없을 정도다.

갈퀴덩굴*Galium aparine*이라고 들어본 적이 있는가? 이 심술쟁이 녀석은 애정이 얼마나 넘치는지 한번 달라붙으면 떨어질 줄 모른다. '신사를 괴롭히는 자들', '껌딱지 윌리엄', '사랑에 빠진 남자'라는 영어권에서 붙은 별명이 그런 특징을 더 잘 살렸다. 하지만 끈적끈적 달라붙거나 잠시도 가만히 내버려 두지 않는 연인을 원하는 사람이 어디 있을까. 갈퀴덩굴은 줄기와 상부에 난 갈퀴 모양의 작은 바늘잎들로 지나가는 모든 것에 달라붙을 수 있다.

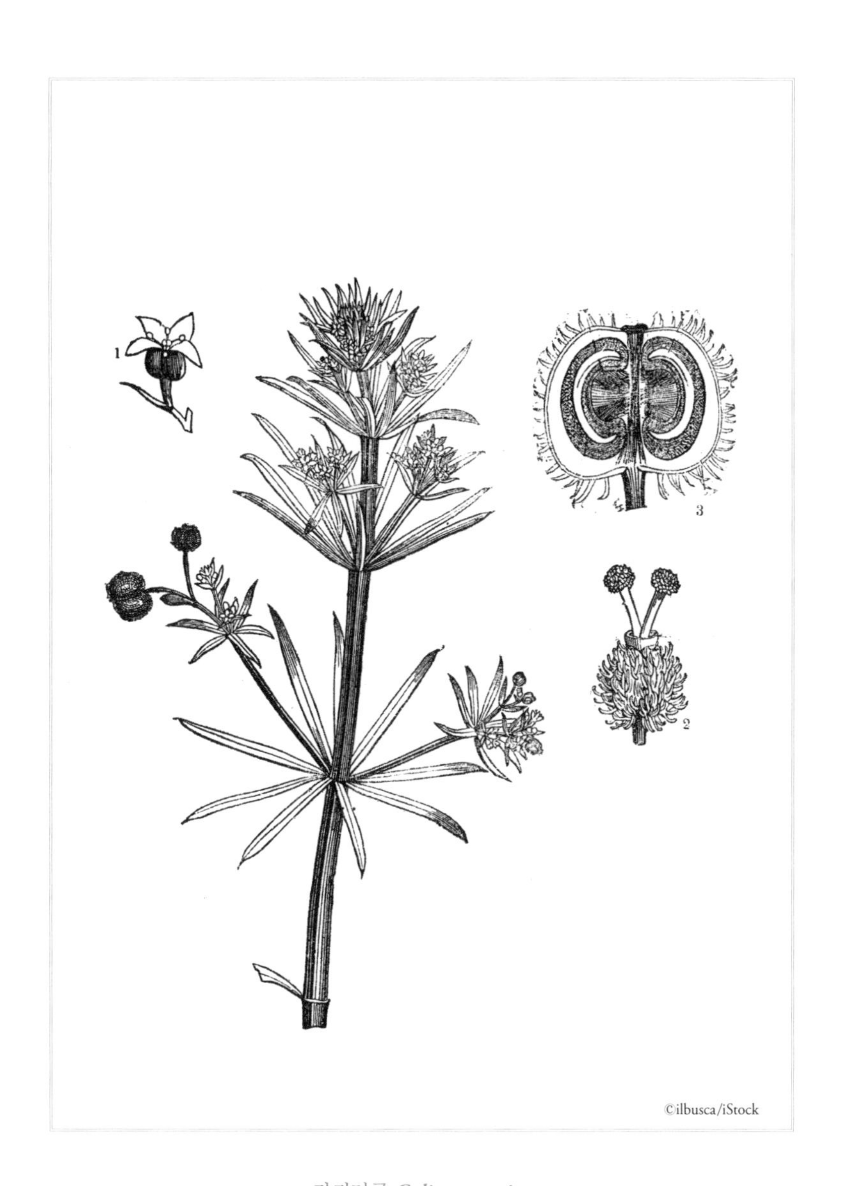

갈퀴덩굴 ***Galium aparine***

우엉 *Arctium lappa*

공터와 길가에 자라는 우엉도 골치 아프기는 마찬가지다. 국화과에 속하는 우엉은 우엉속*Arctium*에 들어간다. 이는 그리스어로 곰을 뜻하는 '아르크토스arktos'에서 유래한 말이다. 가장 잘 알려진 종은 아르크티움 라파*Arctium lappa*다(4쪽 사진 1 참조). 프랑스에서 우엉은 '머리 버짐 환자의 풀', '거인의 귀', '엉덩이 꼬집기' 등 재미있는 별명을 가졌다. 그중 가장 멋진 별명은 '악녀의 빗'일 것이다. 우엉의 프랑스어 명칭 '바르단bardane'의 어원에 관해서는 몇 가지 가설이 있다. 밑부분의 큰 잎을 가리켜 '말의 털'을 뜻하는 이탈리아어 '바르다barda'가 기원이라고도 하고, 라틴어 '바르다네bardane'에서 왔다고도 한다. '바르다네'는 '바르바barba'(털, 그러니까 꽃에 난 잔털)라는 단어의 영향을 받고 '다르다나dardana'(작은 화살에 매단)에서 변형된 형태다. 우엉의 꽃에 왜 작은 갈고리들이 달려 있는지 이제 이해가 가시겠지?

우엉은 지나치다 싶을 정도로 '애정 넘치는' 식물로 유명하다. 우엉의 꽃은 여러 꽃이 뭉쳐 머리 모양을 한 '두상화'이다. 이 두상화는 포엽(변형된 잎으로, 꽃봉오리를 보호한다)으로 둘러싸여 있다. 열매가 익으면 포엽의 끝부분이 갈고리 모양으로 굽는다. 우엉은 그 갈고리로 동물의 몸에 달라붙는다. 그래서 개나 고양이와 산책을 다녀온 뒤에는 털을 빗겨 줘야 하는 기쁨을 누릴 수 있다. 아마 몇 시간은 빗어야 털북숭이 반려동물을 떨어질 줄 모르는 침입자로부터 구할 수 있다.

조금 과장하긴 했지만 나는 식물들이 씨앗을 퍼뜨리려고 발휘하는 기지에 사실 매료되었다. 식물들이 심술궂게 달라붙는 것은 짐작했겠지만 우리를 괴롭히려는 것이 아니다. 식물들은 씨앗(우엉은 열매 전체)을 퍼뜨리기 위한 매개체가 필요하다. 매개체는 바람(풍매분산)이 될 수도 있고, 물(수매분산), 동물이 될 수도 있다. 동물은 소화 과정을 통해서 씨앗을 퍼뜨린다. 동물이 열매를 먹으면 얼마 뒤 그 씨앗이 반대쪽 출구로 빠져나온다. 이렇게 동물이 씨앗을 퍼뜨리는 행위는 의도적일 수도 있고(개암을 저장하는 다람쥐) 그렇지 않을 수도 있다(씨앗이 동물의 털에 묻었을 경우).

동물이 씨앗을 퍼뜨리면 동물과 식물 모두에게 이득이다(동물은 먹이를 먹을 수 있고 식물은 씨앗을 퍼뜨릴 수 있다). 그러나 동물의 몸에 묻혀 씨앗을 퍼뜨리면 식물만 이득을 본다. 그렇다고 해서 동물이 큰 손해를 봤다고는 볼 수 없다. 식물이 가진 불쾌한 특성은 동물에게 거의 느껴지지 않기 때문이다. 인간도 독특하긴 하지만 매우 중요한 매개체이다. 인간은 정원을 가꾸려고 주로 의도적으로 씨앗을 멀리서 가져온다. 또 개구쟁이 아이들은 총알로 만들어서 놀려고 우엉을 채집한다.

우엉이 오늘날의 명성을 얻은 것은 기막힌 발명품의 출발

점이었기 때문이다. 스위스의 엔지니어인 조르주 드 메스트랄(1907~1990)은 개와 함께 쥐라산맥으로 사냥하러 나섰다. 그는 열두 살이던 1919년에 천으로 만든 비행기 모형으로 특허를 딸 정도로 창의적이고 손재주가 좋았다. 산에서 돌아와 보니 개의 털에 우엉 열매가 붙어있었다. 그는 열매를 현미경으로 관찰하고 달라붙는 힘이 대단하다는 것을 깨달았다. 단단한 줄기와 갈퀴 모양으로 구부러진 잎을 보니 아이디어가 반짝였다. 이 열매처럼 잘 달라붙는 갈고리 시스템을 만들어보면 어떨까? 아무리 간단한 아이디어라도 일단 생각해 내는 게 중요하다. 메스트랄은 15년이나 연구해서 결국 혁신적인 여밈 장치를 발명했다. 1951년에 스위스에서 특허를 등록했고 이듬해에 전 세계 특허를 등록했다. 그런 다음에 그 이름도 유명한 '벨크로Velcro®'를 설립했다. '벨'은 '벨벳velours'에서 따왔고, '크로'는 갈고리를 뜻하는 프랑스어 '크로셰crochet'에서 따왔다. 벨크로는 점퍼나 신발을 여미는 데 매우 유용하게 사용된다. 미국 항공우주국NASA도 우주선에 물건을 고정하는 장치로 벨크로를 사용한다. 벨크로는 유연하면서도 튼튼한 나일론으로 만든다. 1961년에 스위스에서 제작된 다큐멘터리에 벨크로는 이렇게 묘사되어 있다.

벨크로로 커튼, 그림뿐 아니라 브래지어나 씨앗도 붙일 수 있습니다. 착 달라붙고 바나나 껍질처럼 잘 떨어집니다.

기적의 벨크로! 얼마나 혁신적이었던지 〈스타 트렉〉에는 벨크로를 발명한 건 분명 외계인일 거라는 대사까지 등장했다. 현재 '벨크로'라는 단어는 일상어가 되었지만 이것은 분명 보통명사가 아니고 상표명이다.

이처럼 식물은 영감의 원천이 된다. 우엉이 바로 그 훌륭한 예이다.

발명가에게 영감을 주었던 달라붙는 특징 외에도 우엉은 많은 장점이 있다. 특히 약용 성분이 많다. 매독을 앓던 앙리 3세를 낫게 한 것으로 유명하니, 어쩌다 끔찍한 매독에 걸렸다면 우엉을 잊지 마시길! 우엉은 종기에도 효험이 있다고 한다. 실제로 피부에 좋은 성분이 있어서 여드름과 습진 치료에 사용되고 탈모 예방에도 좋다고 한다(뿌리를 쓴다).

독일에는 대대로 수소에게 데려갈 암소의 꼬리에 성수를 뿌린 우엉 다발을 매다는 문화가 있다. 새끼를 잘 낳게 해달라고 비는 것이 아니라(꿈도 꾸지 마시길) 가축이 해를 입지 않도록 비는 행위이다. 우엉은 영양분도 풍부하다. 전시에는 우엉을 구워서 커피 대신 끓여 마셨고, 어린잎은 샐러드로 먹을 수 있다. 뿌리는 껍질을 벗겨서 익혀 먹을 수 있다.

찰거머리처럼 달라붙는 우엉도 자세히 보면 장점이 많은 식물이다.

악취를 풍기는
거대한 꽃

옷에 달라붙어서 자신의 존재를 상기시키는 식물이 있는가 하면 또 다른 방면으로 유명한 식물이 있다. 모든 식물이 향기를 내뿜지는 않는다. 그렇다. 어떤 식물은 정말 역겨운 냄새를 풍긴다.

'악취 나는 캐모마일'이라는 별명을 가진 개꽃아재비*Anthemis cotula*는 프랑스를 비롯한 동유럽과 북아프리카의 들에서 만날 수 있다. 개꽃아재비는 들판을 아름답게 수놓는다. 하지만 유럽이 원산지인 이 식물은 오스트레일리아와 뉴질랜드에서 침입종이 되었다. 냄새나는 것들의 침략이라니!

혐오스러운 냄새를 풍기는 식물 중 스테르쿨리아 포이티다

출처:Wikimedia

개꽃아재비 ***Anthemis cotula***

*Sterculia foetida*는 특징에 걸맞은 이름을 가졌다(5쪽 사진 3 참조). 냄새가 얼마나 지독한지 프랑스 사람들이 '똥나무'라고 부를 정도다. 매력적이군. 아시아와 오세아니아 출신인 이 나무는 사실 매우 멋진 외관을 자랑한다.

식물이 악취를 풍기는 것은 인간을 괴롭히려는 것이 아니다. 좋은 냄새를 풍기는 것이 인간에게 잘 보이려는 것이 아닌 것과 마찬가지다. 사실 이것은 관점의 차이일 뿐이다. 우리가 파리에게 어떤 식물에서 어떤 냄새가 나는지 일일이 물어보지는 않았지만, 곤충이 말을 할 수 있다면 아마 우리는 냄새에 관해 지금과는 완전히 다른 생각을 할 게 틀림없다.

식물이 냄새를 풍기는 이유는 씨앗을 퍼뜨리는 가루받이 곤충을 불러들이거나 포식자를 물리치려는 것이다. 식물이 만들어내는 방향유도 방어 수단이다. 타임은 잎을 갉아 먹는 동물이 접근하지 못하도록 냄새를 풍긴다. 양배추와 겨자처럼 배춧과에 속하는 식물은 글루코시놀레이트라는 성분을 만들어 애벌레의 공격을 막아낸다.

반대로 향긋한 냄새를 퍼뜨리는 식물도 있다. 냄새에 현혹된 곤충이 꿀을 빨면서 꽃가루를 온몸에 묻히게 하는 것이 목적이다. 가루받이 곤충은 수꽃의 꽃가루를 암꽃으로 운반해서 식물의 생식을 돕는다. 식물마다 가루받이 곤충은 다 다르다. 곤충은

스테르쿨리아 포이티다 ***Sterculia foetida***

시체꽃 ***Amorphophallus titanum***

꽃가루 운반을 책임지고, 그 '대가'로 꽃꿀을 빨 수 있다. 식물과 곤충이 상부상조하는 것이다. 식물은 번식을 보장받고 곤충은 원하는 자원을 얻으니 누이 좋고 매부 좋다.

냄새가 특히 고약한 천남성과 식물들은 시체 썩는 냄새로 파리를 유혹한다. 그중 가장 유명한 식물이 시체꽃*Amorphophallus titanum*이다(6쪽 사진 4 참조). 시체꽃의 거대한 꽃차례는 최대 3미터에 이르러 코리파 움브라쿨리페라*Corypha umbraculifera*의 꽃차례와 함께 세계에서 가장 크다. 수마트라섬에서 자라는 시체꽃은 부패 중인 시체 냄새를 퍼뜨려 가루받이 곤충인 딱정벌레를 불러들인다. 시체꽃을 만나면 식욕이 뚝 떨어질 게 분명하니 나는 시체꽃을 '골칫덩이'로 분류한다. 다행히 시체꽃은 많은 사람을 괴롭히지 않는다. 오히려 그 반대다. 희귀종이어서 멸종위기종을 기록한 국제자연보전연맹IUCN의 적색 목록에 올랐기 때문이다. 만약 시체꽃이 식물원에서 꽃을 피웠다면 그거야말로 대사건이다. 꽃은 아주 드물게 피는 데다가 48~72시간 안에 지기 때문이다. 그러니 꽃이 피었다는 소식이 들리면 구경거리를 놓치지 않으려는 사람들이 식물원으로 몰려갈 것이다. 시체꽃은 1878년 이탈리아 식물학자인 오도아르도 베카리(1843~1920)가 처음 발견했다. 언뜻 봐도 그 의미를 쉽게 알 수 있는 학명도 그가 지었다. 그래서인지 시체꽃을 종종 '타이탄의 페니스'라고 부르기도 한다.

천남성과 식물 중 북아메리카에 서식하는 앉은부채*Symplocarpus foetidus*도 있다(7쪽 사진 5 참조). 앉은부채는 독특한 특성을 가졌다. 봄에 눈을 녹일 수 있는 초능력을 가진 것이다! 다름이 아니라 앉은부채는 열을 낼 수 있다. 이를 '열 발생thermogenesis'이라고 부른다. 열을 내는 이유는 여럿이다. 우선 앉은부채는 체온을 조절할 수 있다. 바깥 온도가 심하게 요동쳐도 체온을 몇 시간 또는 며칠 동안 일정하게 유지할 수 있다. 따라서 추위를 막는 방어기제라 할 수 있다. 그 밖에도 열이 나면 방향 성분이 더 빨리 휘발되어 가루받이 곤충인 파리와 딱정벌레를 불러들일 수 있다. 천남성과 식물은 주로 일조량이 적을 때 꽃을 피운다. 그래서 열을 발생시켜야 냄새를 더 쉽게 퍼뜨릴 수 있다. 또 열은 꽃 안에서 꿀을 빠는 곤충에게 난방기 역할을 해준다. 곤충은 그렇게 해서 에너지를 아낄 수 있다. 악취 이야기로 다시 돌아오면, 열은 부패 중인 시체와 똑같은 상태를 만들어서 시체 흉내를 낼 수 있게 해준다.

이 매력적인(!) 냄새의 주인공인 식물들은 '시체꽃'이라는 별명을 얻을 때가 많다. 앞에서 말한 천남성과 식물 외에도 라플레시아과(동남아에서 발견된 대형 꽃 라플레시아가 속한 과이다. 7쪽 사진 6 참조)와 협죽도과 식물에서도 악취가 난다. 협죽도과 식물 중 스타펠

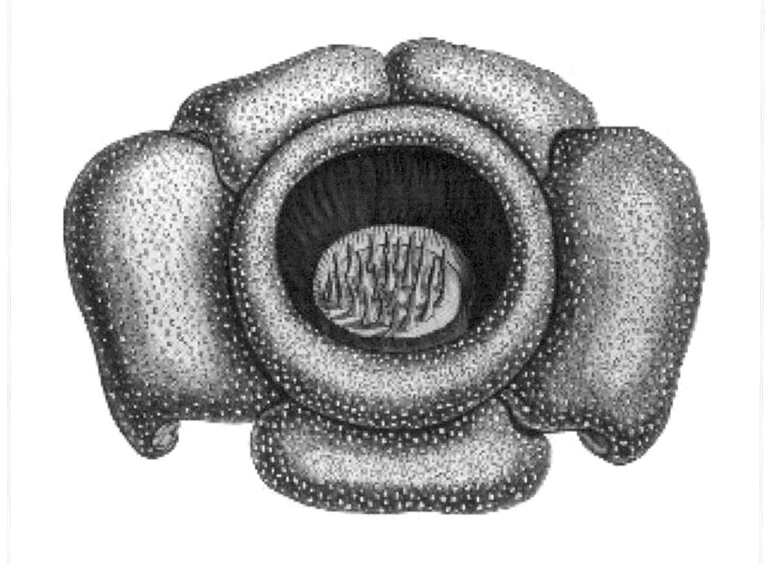

©Nastasic/iStock

라플레시아 ***Rafflesia arnoldii***

리아속에 속하는 식물들도 못지않게 고약한 냄새를 풍긴다.

서로 다른 식물들이 악취를 뿜는 이유로 수렴진화를 들 수 있다. 서로 다른 과에 속하는 식물들이 비슷하게 환경에 적응하면서 동일한 형질을 갖게 된 것이다.

2

우리의 피부를 공격하는 식물

우리 몸에 닿으면 심한 피부 반응을 일으키는 식물들이 있다. 이때 일어나는 반응을 '식물 접촉성 피부염phytodermatosis'이라고 한다. 그런 식물들에 닿으면 화상을 입기도 하는데, 화상의 정도가 심각할 수 있고 때로는 죽음에 이를 수 있다.

나의 사랑,
쐐기풀

아, 여름! 여름은 〈초원의 집〉의 셋째 딸 캐리 잉걸스처럼 들판에 나가 뛰어놀 수 있는 아름다운 계절이다. 물가에서 피크닉을 하고 풀밭에 누워 일광욕을 즐길 수도 있다. 그런데 이 즐거운 활동들에도 위험이 따른다.

"아얏!"

전원에서 여유로운 산책을 즐기다가 쐐기풀을 만나 비명을 질렀던 경험이 누구에게나 있을 것이다. 나도 당해 보았고, 당신도 분명 당해 보았을 것이다. 쐐기풀에 닿으면 다리에 붉은 반점이 일어난다. 이때부터 간지럽고 따가운 게 짜증이 치솟는다.

서양쐐기풀*Urtica dioica*은 라틴어 학명이 말해 주듯('우르티카*Urtica*'는 '불타는'이라는 뜻이다) 살에 닿으면 따끔거린다. 수프로 만들어 먹어도 맛있고 미네랄도 풍부하게 든 이 평범한 풀이 왜 그토록 통증을 유발하는 것일까?

서양쐐기풀을 본 사람이라면 그 잎이 털로 덮여 있다는 사실을 알 것이다. 길이가 2밀리미터밖에 되지 않는 털은 대단한 방어 무기다. 돋보기로 들여다보면 끝이 규소(유리의 구성성분)로 되어있고 날카로운 게 보인다. 이 털이 살에 조금만 닿아도 끝이 부러지는데 이때 여러 화학 성분이 섞인 '폭탄'이 피부에 주입된다. 개미가 사용하기도 하는 포름산(그래서 포름산의 이름이 개미의 라틴어명인 '포르미카formica'에서 왔다)이 먼저 작용한다. 개미산을 건드려본 사람은 여왕개미에게 포름산을 맞았던 경험이 있을 것이다. 그러나 포름산이 고통을 일으키는 유일한 원인은 아니다. 사실 통증을 유발하기에는 적은 양이다. 자연은 늘 완벽해서 인간에게 제대로 고통을 줄 방법을 찾았는데, 그 목적을 달성하려고 사용한 물질은 바로 히스타민, 아세틸콜린, 세로토닌이다. 총동원이로군! 세로토닌은 행복 호르몬이지만 아세틸콜린과 마찬가지로 자극을 일으킬 수 있다. 히스타민은 가려움을 유발한다. 그뿐만 아니라 통증을 오래가게 하는 타르타르산과 옥살산도 동원된다. 악마의 간계 같으니라고!

서양쐐기풀 *Urtica dioica*

서양쐐기풀의 이런 성질은 원래 초식동물들에 대한 방어 수단이었다. 그런데 통증 반응은 인간에게 더 심하게 나타난다. 그렇다고 암소가 서양쐐기풀을 좋아한다는 말은 아니지만.

세상에서 가장 위험한 식물

서양쐐기풀은 훨씬 더 끔찍한 통증을 유발하는 다른 식물들에 비하면 천사다. 여기서 잠깐! 아랫글을 읽기 전에 경고 한마디. 이 꼭지는 공포영화에 가까우니 조심하기 바란다. 심약한 사람은 건너뛰기를. 서양쐐기풀의 사촌뻘인 끔찍한 식물들이 무대 위로 등장한다.

서양쐐기풀이 속한 쐐기풀과에는 60여 개의 속과 3,000개 이상의 종이 포함된다. 온대 지역에서는 쐐기풀이 풀로 자라지만 열대 지역에서는 관목이나 40미터나 되는 나무로 자란다. 뉴질랜드의 마오리족이 '옹가옹가'라는 귀여운 이름으로 부르는 우르티카 페록스*Urtica ferox*는 5미터까지 자라고 길이 5밀리미터의 따끔한 털로 덮여 있다(9쪽 사진 8 참조). 우르티카 페록스는 바네사 고네릴라*Vanessa gonerilla*라는 나비의 숙주식물이다. 아름다운 나비에게는 유용하지만 뉴질랜드에서 기념품으로 가져오고 싶다면 맨손으로 잎을 따지 않는 게 좋다(차라리 키위 인형을 사라). 1961년에 서른네 살의 한 사냥꾼이 우르티카 페록스를 만졌다가 목숨을 잃은 사례가 있다.[1] 마비된 상태로 발견된 그는 우르티카 페록스가 자란 곳을 지나다가 심각한 호흡곤란을 겪었다. 병원으로 옮겨진 그는 5시간 뒤에 사망했다.

인간이 사고를 당한 사례는 드물지만 동물의 경우는 더 흔하다. 우르티카 페록스 잎을 맛보고 싶은 선부른 마음을 가졌던 개와 말들에게 신경학적 문제가 일어났고, 호흡곤란과 경련을 일으키다가 몇 시간 만에 죽었다. 그러나 우르티카 페록스에는 약용 성분이 들어있어서 마오리족은 전통의학에서 사용한다. 이 식물을 본 적이 없었던 뉴질랜드의 한 과학자는 숲에서 우연히 만졌다가 화상을 입었다.[2] 그는 '강력한' 힘을 가진 이 식물에 대한 생각을 머릿속에서 떨쳐낼 수 없었다. 그것으로 뭐라도 만들어야 했다. 그래서 식물의 성분을 추출해서 분석했고, 현재 통증을 치료하는 약으로 만들기 위한 연구가 진행 중이다.

같은 과에 속하는 식물로 오스트레일리아의 쐐기풀이 있다.

'따가운 나무stinging tree'로 불리는 이 식물은 덴드로크니데속에 속한다(과거에는 혹쐐기풀속으로 분류되었으나 두 속의 특징이 워낙 달라 분리되었다). 통증의 정도는 종에 따라 다르지만 퀸즐랜드의 병사들이 강렬한 통증 때문에 땅바닥에 뒹구는 장면이 목격될 정도다.[3]

이 괴물 같은 식물 중 덴드로크니데 엑스켈사*Dendrocnide excelsa*는 높이 30~40미터까지 자랄 수 있고 독성도 대단하다. 삼림욕을 좋아하더라도 이 나무만은 껴안지 말기를! 나무에 몸을 비비면 끔찍한 통증을 맛볼 수 있기 때문이다. 사촌격인 관목으로는 '짐피짐피'라고도 불리는 덴드로크니데 모로이데스*Dendrocnide moroides*가 있다(8쪽 사진 7 참조). 해로울 것이 전혀 없어 보이는 이 이름 뒤에는 몇 개월 동안 참을 수 없는 고통을 안겨 주는 나무가 숨어있다. 끔찍한 고문이 아닐 수 없다. 이 나무에 다가가야 하는 삼림관리원은 에볼라 바이러스에 감염된 환자를 돌보는 간호사와 똑같은 복장을 한다. 장갑과 마스크를 착용하고 만지는데도 결국 병원으로 이송되는 사람들도 있다. 수백 년 동안 그런 사례는 수없이 나왔다.

미국의 한 대학생이 불행히도 그런 경험을 했다. 그녀는 전기 충격과 황산 세례를 동시에 받는 느낌이었다고 전한다.[4] 후덜덜……. 덴드로크니데 모로이데스는 세계에서 가장 위험한 식물로 여겨진다. 나무를 스쳤던 말과 개는 목숨을 잃었다. 1866년 퀸즐랜드주의 도로 공사에 참여했던 한 남성이 들려준 목격담은 충격적이다. 자신의 말이 미쳐 날뛰다가 2시간 만에 죽었다는 것이다.[5] 2차 세계대전 당시 훈련을 받다가 말에서 나무로 떨어진 군인도 있다. 군인은 3주 동안 입원했고 많은 약을 처방받았지만 하나같이 무용지물이었다. 그는 일시적인 착란 증세를 보이기도 했다. 그리고 이 나무의 잎을 휴지 대신 사용했다가 자살까지 한 장교를 봤다고 증언했다. 1970년대에는 영국 군대가 이 나무를 생물학 무기로 사용하려고 궁리하기도 했다고 한다.[6] 2012년에는 프랑스 관광객 두 명이 나무를 만진 대가를 톡톡히 치렀다. 마흔아홉 살인 남자는 필리핀에서 숲으로 산책을 나갔다가 덴드로크니데의 한 종을 만졌다. 몇 시간 뒤에 손에 통증을 느끼기 시작했고 발저림을 느꼈다. 3주 뒤에도 가려움이 완전히 가시지 않았고 다리에도 똑같은 증상을 느꼈다. 같은 시기에 서른세 살의 프랑스 남자가 베트남에 휴가를 갔다가 마찬가지로 덴드로크니데를 만졌다. 그는 꽤 빨리 심한 가려움을 느꼈지만 치료가 효과를 보여 사흘 만에 완쾌했다.

나무에 지나치게 가까이 다가갔던 사람들에게는 안된 얘기지만, 이 나무의 독성 성분(모로이딘)은 화학적으로 안정적이어서 분해가 어렵다. 100년 전에 식물표본집에 넣어둔 잎에도 여전히 독성이 남아있을 정도다. 통증을 유발하는 털은 아주 가늘어서 피부에 쉽게 침투하므로 빼내기가 거의 불가능하다. 그런데 이 독성 성분에 반응하지 않는 동물들도 있다. 유대류의 일종인 붉은다리덤불왈라비*Thylogale stigmatica*는 질소와 칼슘 등 영양분이 많은 덴드로크니데를 좋아한다(우리가 쐐기풀을 먹는 이유도 동일하다). 덴드로크니데는 숲에 중요한 역할을 한다. 열매는 새의 먹이가 되고, 새는 씨앗을 퍼뜨린다. 덴드로크니데는 햇빛을 많이 받고 바람이 불지 않아야 잘 성장한다. 그래서 해를 가릴 만큼 나무가 우거진 지역은 피하고, 오래된 나무가 넘어진 곳이나 태풍이 휩쓸고 지나간 자리를 선호한다.

어떤 문화권에서는 이 나무에 주술적 능력이 있다고 여긴다. 말레이시아에서 덴드로크니데는 악귀를 물리치는 데 쓰이고, 피지섬에서는 악마가 불러온 질병을 치료하는 데 쓰인다.

그러고 보면 서양쐐기풀은 얼마나 착한지 모르겠다. 따가울 때는 밉지만 그렇다고 함부로 대하면 안 된다. 좋은 성분이 많다고 알려졌기 때문이다. 로마의 시인 오비디우스는《사랑의 기술》에서 쐐기풀로 만든 사랑의 묘약을 권했고, 로마의 작가 페트로니우스는 무력한 남자의 남성성을 일깨우려면 쐐기풀로 때려야 한다고 말했다. 재미 삼아 해볼 수도 있겠지만 쐐기풀이 유명한 건 그 때문이 아니다. 쐐기풀은 좋은 비료로 유명하고 유효한 약용 성분도 많다. 특히 강장, 이뇨, 변비에 좋다.

쐐기풀이 알려진 지는 수백 년이 지났지만 요즘에 와서야 이 식물을 재발견하는 느낌이다. 1862년에 쓰인 책[7]에 다음과 같이 나와 있다.

> 쐐기풀이 약제와 비료로서의 명성을 되찾는 데 보탬이 될 수 있다면 기쁘겠다.

150년 뒤에도 여전히 쐐기풀의 복권을 위해 힘써야 한다니 꽤 재미있다.

쐐기풀은 수프 외에도 요리해서 먹는 방법이 무궁무진하다. 쐐기풀을 넣어 라비올리, 잼, 케이크, 달걀 요리, 흰살생선 요리, 굴 그라탱, 머핀 등등 이루 말할 수 없을 정도로 많은 요리를 할 수 있다.

이 꼭지의 맺음말은 빅토르 위고(1802~1885)에게 넘기자.[8]

> 나는 거미를 좋아하고 쐐기풀을 좋아하네
> 사람들이 싫어하기 때문이지
> 거미와 쐐기풀의 구슬픈 소원을
> 아무도 들어주지 않고 박해하기 때문이지

(…)

빛을 피해 낮은 곳에서

조금 더 애정 어린 시선을 준다면

징그러운 벌레와 나쁜 풀은

속삭일 텐데. 사랑을!

죽음의 나무

이번에는 아주 아주 못된 나무를 소개하고 싶은 충동을 버리지 못하겠다. 이 나무는 지독히도 자극적인 유액을 내뿜는다. 대극과에 속하는 식물 대부분이 그렇듯이 이 식물이 만들어낸 유액과 닿지 않는 게 좋을 것이다. 히포마네 망키넬라*Hippomane mancinella*라고 불리는 이 나무는 공포의 대상이다(9쪽 사진 9 참조). 기네스북에 세계에서 가장 위험한 나무로 기록될 정도이다. 보다시피 최고의 연쇄살인범 자리를 놓고 경쟁이 치열하다. 이 나무는 앞에서 소개한 짐피짐피와 우열을 다툰다.

라틴어 학명에서 '히포hippo'는 '말'을 뜻하고 '마니아mania'는 '광기'를 뜻한다. 말을 미치게 하는 나무라는 뜻일까? 미칠 정도의 고통을 주니까 맞는 말이다. 베네수엘라에서는 이 나무를 '죽음의 나무'라고 부른다.

히포마네 망키넬라는 카리브해의 아름다운 열대 해변이나 플로리다주의 열대 습지 에버글레이즈에서 만날 수 있다. 최대 10미터까지 자라는 아름다운 나무이다. 열매가 사과와 약간 닮아서 '만치닐manchineel'이라고 불린다. 에스파냐어로 '만자나manzana'가 '사과'라는 뜻이다. 유액은 나무 전체에 퍼져있다. 독성 성분에 관해서는 오래전부터 알려져 있었고 아메리카 원주민들은 대대로 화살촉에 이 유액을 묻혀 사용했다. 유액 때문에 피해를 입은 최초의 서양인은 탐험가들이었다. 당연한 말씀. 쿡 선장(1728~1779)의 주치의였던 윌리엄 엘리스(1756~1785)는 목재를 구하러 간 선원들이 이 나무를 잘랐다고 기록했다. 나무를 만진 손으로 눈을 비빈 선원들은 며칠 동안 앞을 보지 못했다. 히포마네 망키넬라를 만나면 나무가 아름다워서 눈이 머는 게 아니니 조심하길!

나무의 독성을 처음으로 보고한 탐험가는 에스파냐의 역사가이자 여행자인 곤살로 페르난데스 오비에도 이 발데스(1478~1557)이다. 그는 1526년에 이렇게 썼다.

폐하께서는 이 나무의 독이 얼마나 강한지 아셔야 합니다. 이

히포마네 망키넬라 ***Hippomane mancinella***

나무의 그늘 밑에서 잠이 든 사람은 얼굴이 부은 채 깨어날 것입니다. 눈꺼풀이 볼에 붙을 지경으로 눈이 부을 것이고, 행여나 이 나무의 잎에서 이슬방울이 눈에 떨어지면 눈이 멀게 됩니다.[9]

그로부터 약 100년이 흐른 뒤, 카리브해에서 악명을 떨치던 해적이자 헨리 모건의 해적선을 탔던 외과의 알렉상드르-올리비에 엑스케믈랭(1646~1707)은 이 나무에 대해 이렇게 기록했다.

유럽에서 갓 도착한 사람들이 중독되는 일이 잦았다. 이 나무의 열매가 보기에도 탐스럽고 냄새도 향긋해서 맛을 보지 않을 수 없기 때문이다. 열매를 맛본 사람에게 해줄 수 있는 치료는 고작 몸을 묶어서 2~3일 동안 물을 마시지 못하게 하는 것뿐이다. 타는 느낌 때문에 비명이 멈추지 않을 정도로 통증이 심하다. 몸은 불처럼 벌겋게 달아오르고 혀는 석탄처럼 검게 변한다. 안타깝게도 열매를 많이 먹었다면 살릴 방법이 전혀 없다. (…) 나무 밑에서 잠이 든 사람의 맨살에 물방울이 떨어지면 금세 크게 부풀어 오른다. 나도 이 나무의 가지 하나를 꺾어 성가신 날벌레들을 쫓으려 하다가 그런 경험을 했다. 얼굴에 피부 발진이 일어나서 사흘 동안 얼마나 고생을 했던지 이러다가 눈이 머나 보다 했다.[10]

똑같은 경험을 한 박물학자들도 있다. 그중 한 사람이 영국인 박물학자였던 마크 캐츠비(1683~1749)다. 그는 바하마로 탐험을 떠났다가 《캐롤라인, 플로리다, 바하마의 자연사》를 출간했는데, 이 책에 이 공포스러운 나무를 그린 멋진 그림—1743년에 제작—이 나온다. 그는 1726년에 미래의 조세 천국 바하마의 아름다운 열대 해변을 누비고 다녔다. 그러던 중 안드로스섬에서 나무를 베는 광경을 목격하고 이렇게 기록했다.

> 독이 든 흰 액체가 눈에 튀는 바람에 이틀 동안 앞이 보이지 않았다. 눈과 얼굴이 부어오르고 첫 24시간 동안 따가운 통증이 극심했다. (…) 나무 그늘 밑에서 맡는 나무 냄새마저도 독약과 같다.

아메리카 대륙을 탐험했던 영국의 일기 작가 니컬러스 크레스웰(1750~1804)은 이 나무의 열매 하나가 20명을 죽일 수 있다고 기록했다. 완전범죄를 저지르기 위해 이보다 완벽한 무기가 있을까! 당신의 원수에게 카리브해로 가자고 설득하고 아주 우연히 열매를 먹게 해야 하지만 말이다.

나무가 자라는 곳에 사는 주민들은 나무에 독이 있다는 사실을 잘 알지만 관광객들은 그렇지 못하다.

1999년[11]에 영국의 한 방사선과 의사가 카리브해에 있는 토

바고섬으로 휴가를 갔다. 앤틸리스 제도의 남쪽에 있는 이 섬에서 그녀는 야자수들이 드리워진 아름다운 해변을 거닐며 천국을 경험했다. 그러나 그의 휴가는 곧 지옥으로 변했다. 해변에서 조개를 줍다가 바보 같은 짓을 하고 말았기 때문이다. 해변에는 코코넛이나 망고 등 많은 열매가 뒹굴고 있었는데, 그중 처음 보는 열매를 집어서 깨물어 먹은 것이다. 이럴 거면 의학 공부는 왜 했을까? 그녀는 열매가 아주 맛있었다고 증언했다. 즙이 많고 단맛이 났던 열매는 금세 입안이 타들어 가는 듯한 통증을 일으켰다. 목구멍이 좁아져서 침을 삼키지도 못할 것 같았고 인두가 막히는 느낌이 들었다. 어떻게 해야 할까? 그녀의 첫 대응은 뭔가를 마시는 것이었다. 상황을 봤을 때 우리의 희생자는 피냐콜라다밖에 마실 것을 찾지 못했을 것이다. 하지만 술은 통증을 배가시킬 뿐이었다. 통증을 조금 가라앉힌 건 우유뿐이었다. 주민들은 악명 높은 열매를 누가 먹었다는 얘기를 전해 듣고 경악했다. 우리의 방사선과 의사는 다행히 회복했고 죄 없는 관광객들이 천국 같았던 여행을 응급실행이라는 지옥으로 마감하지 않기를 바라는 마음에서 의학 잡지에 자신의 경험을 소개했다. 봤지? 카리브해는 이렇게 위험할 수 있다. 해적이 없어도 말이다.

이처럼 열매를 먹으면 통증이 극심하고, 나무의 유액이 살에 닿으면 강한 염증 반응이 일어난다. 쐐기풀에 찔렸을 때와는 원리가 다르다. 쐐기풀의 통증 유발 물질은 주삿바늘 같은 털에 의해 주입되는 반면, 이 나무는 여러 부위에서 나오는 유액에 독성이 있어서 접촉하는 순간 반응이 일어난다.

유액은 나무의 관에서 나오는 액체로 다소 진득하다. 유액乳液이라는 명칭은 '젖'에서 유래했고 젖처럼 흰 액체를 뜻한다. 나무에 상처가 나면 그곳에서 유액이 흐르고 이 유액이 마르면서 나무를 보호하는 막이 생긴다. 독성이 매우 강한 유액도 있다. 파라고무나무에서 나오는 유액은 많은 용도로 사용된다. 몸에 쫙 달라붙는 라텍스 소재의 쫄쫄이에 대해서는 논하지 않겠다. 주제에서 벗어나니까.

유관은 압력으로 유액을 가두고 있다. 그러다가 벌레가 나무를 갉아 먹으면 관이 찢어지면서 유액이 찢어진 부위로 흘러나온다. 공기와 닿은 유액은 끈끈해져서 벌레가 다시 날아가지 못할 수도 있다. 히포마네 망키넬라처럼 독성이 매우 강한 유액을 분비하는 식물을 먹은 포식자는 유액에 중독된다.

히포마네 망키넬라의 열매는 사과처럼 생겨서 맛있어 보인다. 우리 모두 알다시피, 사과를 베어 무는 건 위험한 행동이 될 수도 있다. 그런데 히포마네 망키넬라의 열매를 깨문다면! 재수가 없도다! 입술은 부풀어 오르고, 혀에는 물집이 잡힐 것이다.

목은 부어올라 숨이 차오를 것이다. 곧 경련이 찾아오고 설사와 구토가 일어난다. 이러다 죽을 수도 있다. 히포마네 망키넬라는 모든 부위에 독이 있다. 냄새만 맡아도 비염과 기관지염에 걸릴 수 있다. 열매를 먹으면 입안이 타들어 가고 심하면 구강 점막이 벗겨질 수도 있다. 최초의 탐험가들은 원주민들이 바닷물을 마셔서 치료하더라고 증언했지만 정말 그런지는 알아볼 일이다. 지금은 빨리 응급실로 가라는 것이 공통된 조언이다.

그것도 모자라 독은 오랫동안 효력을 발휘한다. 1818년에 출간된 한 자연사 잡지[12]는 브뤼셀에서 진행된 한 실험 결과를 소개했다. 그것은 140년 전에 이 나무의 독을 묻힌 화살촉을 개의 항문에 박아 넣는 실험이었다. 불쌍한 개는 금세 죽고 말았다.

이미 설명했던 바와 같이 히포마네 망키넬라는 포식자로부터 자신을 보호하기 위해 독성 물질을 내보내는 것이다. 하지만 씨앗을 퍼뜨리려면 도움이 필요한데, 끔찍한 독을 참아낼 수 있는 동물은 그리 많지 않다. 다행히 몇몇 동물이 그럴 능력이 있다. 예를 들어 앤틸리스이구아나에게 히포마네 망키넬라는 가장 좋아하는 먹이 중 하나다. 그래도 앤틸리스이구아나는 매우 신중한 성격이라서 신선한 잎과 꽃눈, 잘 익은 열매만 골라 먹는다.

자기 앞을 지나가는 그 누구에게나 해를 끼치기 위해 엄청난 재능을 펼치는 히포마네 망키넬라는 시인과 작가들에게 영감을 주기도 했다. 이제 알게 되겠지만 히포마네 망키넬라는 살육의 동의어였다!

찰스 다윈의 할아버지인 이래즈머스 다윈(1731~1802)은 의사이자 식물학자였지만 시인이기도 했다. 그는 1789년에 이 불길하고 음울한 나무에 관한 시를 발표했다.[13]

> 나그네가 지친 머리를 누이면
> 음산한 망키넬라가 그의 이끼로 만든 잠자리를 지배하고
> 검은 독약을 만들어 나그네에게 가까이 다가가
> 고통스러운 귀에 끔찍한 독을 붓는다네.

귀스타브 플로베르도 《마담 보바리》에서 히포마네 망키넬라를 언급한다. 엠마에게 결별을 선언하는 편지를 쓸 때 로돌프는 이렇게 적었다.

> 나는 히포마네 망키넬라의 그늘처럼 이 이상적인 행복의 그늘 밑에서 쉬었소. 그 결과를 미리 짐작하지 못한 채.

만약 당신의 연인이 당신과 함께 히포마네 망키넬라가 있는 열대지방으로 휴가를 가고 싶다고 말하면 절대 가면 안 된다.

그건 함정이다. 앤틸리스 제도의 노예들은 히포마네 망키넬라의 열매를 가루로 빻아 주인에게 복수하기 위해 커피에 타곤 했다고 한다.

제라르 드 빌리에(1929~2013)가 쓴 소설《카리브해에 간 SAS》에서는 사람을 히포마네 망키넬라에 묶어 그야말로 고문하는 장면이 나온다. 나무의 독은 '황산아연'으로 소개되었다. 가여운 남자는 금세 독 기운을 느낀다.

> 허벅지에 커다란 물집이 올라왔다. 그는 황산에 몸을 담근 것처럼 독 때문에 산 채로 뼈가 발릴 것이다.

마지막으로 미국의 소설가 클라이브 커스너(1930년 출생)는《보물》—장거리 비행을 하지 않는다면 읽지 말아야 할 책—에서 히포마네 망키넬라를 독약으로 사용했다. 비행기 승객과 승무원을 독살하려고 기내식에 넣은 것이다.

자, 이제 좋은 충고 한마디. 카리브해에 가서 즐거운 시간을 보내려 한다면 우리의 순진한 해적이나 방사선과 의사처럼 하지 말기를! 금지된 열매는 먹지 말라. 반대로 독창적인 무기로 살인을 저지르는 괜찮은 추리소설을 쓰고 싶다면 죽음의 나무 히포마네 망키넬라를 기억하기를! 북유럽 추리소설의 유행이

지나면 당신이 바로 열대지방 추리소설의 스타가 될지도 모를 일이니까.

3

외계 식물

외래종인 침입종은 번식 능력이 대단하다. 이 정복자들은 생물다양성을 위협하고 환경적으로나 경제적으로 때로는 처참한 결과를 낳는다.

물집을 일으키는 침략자

내가 사는 마을 뒤쪽에 작은 길이 나있다. 어느 날 친구와 그 길로 산책을 나갔는데 이 친구가 갑자기 소리를 질렀다.

"와, 이 식물 좀 봐! 정말 멋지다! 사방에 있네. 거인 당근이라고 불러도 되겠다."

옳소! 문제의 멋진 식물은 잎이 거대하고 꽃은 우산 모양인 산형꽃차례로 나있다. 길가에 꽃이 엄청나게 피어있었다. 이때 나는 비명을 지르고 싶었다.

"조심해! 우리 중에 침입자가 있어!"

그 침입자들은 초록이고, 다른 곳에서 왔으며, 매우 빠르게 퍼진다. 처음에는 눈에 잘 띄지 않는다. 그들은 몰래 이동하며 퍼져나가다가 어느 날 갑자기 펑! 폭발이라도 하듯 사방에 깔린다. 때로는 대처하기에 이미 너무 늦다.

눈치챘겠지만 이 침략자들은 외계인이 아니라 분명 지구의 생명체다. 눈에 잘 띄는 생명체도 있고, 아직 우리 눈을 벗어나 있는 생명체도 있다. 이들은 바로 식물이다. 보통 '침입종'이라고 부르는데, '외래침입종'이라고도 한다. 이런 침입종들은 종종 신문 1면을 장식하는데, '녹색 페스트' 또는 '녹색 암'이라는 오명으로 소개된다.

별 관심이 없는 사람에게는 이 이야기가 평범하게 들릴 수도 있다. 아무튼 식물은 다 좋은 거 아닌가? 그런데 우리의 삶을 괴롭게 만들 수 있는 악당 식물과 그 경쟁자들이 분명 존재한다.

물론 침입종은 그저 식물일 뿐이라는 데 우리 모두 동의한다. 침입종이 아침에 일어나 "세상의 주인은 나야! 내가 너희들을 다 정복하겠어!"라고 외치지는 않는다. 식물은 정복자도 아니고 공격자도 아니다. 식물이 책임져야 할 일은 아무것도 없다. 또 식물이 악의를 품는 것도 아니다. 식물이 확산되어 환경에 피해를 입히는 주요 원인은 역시 인간이다. 하지만 안심하시라. 인간을 (많이) 욕하려는 건 아니니까. 문제를 일으킨 식물들은 고의적으로 유입된 것이 아니라 우연히 또는 그 영향이 알려지지 않은 상태에서 유입된다. 중요한 것은 우리가 침입종이라고 알게 된 식물들을 어떻게 처리하고 있는가를 아는 것이다.

길가에서 만날 수 있는 유명한 침입종은 보기에도 인상적인 큰멧돼지풀*Heracleum mantegazzianum*이다(10쪽 사진 10 참조). 이 식물은 사실 멋지게 생겼다. 19세기에 유럽에 관상용으로 도입되었다가 20세기 초에 야생으로 탈출했다. 영미권에서는 이 식물을 '자이언트 호그위드Giant hogweed'라고 부른다. 프랑스어 명칭인 '캅카스의 돼지풀berce du Caucase'에서도 알 수 있듯이 이 식물은 캅카스 서부가 원산지이다. 영국에서는 1817년에 최초로 정원에서 목격되었으며 야생에서는 1828년에 처음으로 관찰되었다. 큰멧돼지풀이 침입종이 된 것은 1940년대의 일이다. 퀘벡에는 최근에 유입되었다. 1982년에 첫 묘종이 재배되었고, 1990년부터 침입종이 되었다. 내가 사는 프랑스 북동부 지역에서는 이 풀이 아르누보의 한 분파인 낭시학파에 속하는 화가들에게 유명했다. 이 지역에서는 한동안 인기가 많았고, 1998년에는 로렌 지방의 한 잡지사에서 독자들에게 큰멧돼지풀 씨앗을 나눠주며 마당에 심기를 권했다.

이렇게 해서 우리의 어여쁜 큰멧돼지풀은 외래침입종이 되었다. 그렇다면 이 말의 의미를 다시 한번 상기해 보자. 침입종은 논쟁을 일으키는 어려운 주제이지만 자연은 원래 그렇게 복잡

큰멧돼지풀 ***Heracleum mantegazzianum***

하다. '외래침입종'은 세 단어로 이루어져 있다. 우선 '종'은 생물학자들이 식별한 생명체를 가리킨다. 여기서 우리의 관심사는 식물이지만 동물도 침입종이 될 수 있다. '외래'라는 말은 다른 곳에서 왔다는 뜻이다. 여기서 다른 곳은 화성이 아니라 다른 나라 또는 다른 지역을 말한다. 즉 침입종을 규정하는 것은 관점의 문제다. 호장근*Fallopia japonica*은 일본에서는 침입종이 아니지만 프랑스와 캐나다에서는 침입종으로 분류된다. 털부처꽃*Lythrum salicaria*은 프랑스에서는 전혀 문제가 되지 않지만 현재 북아메리카와 오스트레일리아에서는 골칫거리다.

'침입종'이라는 말은 쉽게 이해된다. 그러나 모든 침입종이 피해를 입히는 것은 아니다. 민들레나 쐐기풀이 그 예다. 이 풀들이 마당에서 자라면 짜증이 나겠지만 외래종도 아니고 무한정 퍼져나가지도 않아 지역의 생물다양성을 위협하지도 않을 것이다. 돌이킬 수 없는 환경 피해를 낳지는 않기 때문이다.

'침입invasive'은 영어를 그대로 옮긴 것인데, 외래침입종에 관하여 국제자연보전연맹은 좀 더 포괄적인 정의를 내리고 있다.

> 외래침입종은 인간에 의해 (의도적 또는 우발적으로) 유입되어 정착·확산해서 환경, 경제, 보건에 부정적인 영향을 미치며 생태계, 서식지 또는 토착종을 위협하는 외래종이다.

'외래종'은 '토착종'의 반대 개념이다. 그런데 어떤 종이 언제부터 토착종으로 인정받는가에 관한 문제는 광범위한 논쟁을 일으킨다. 개양귀비와 수레국화의 예를 보자. 중동이 원산지인 이 식물들은 농업이 발달하면서 프랑스에 유입되었다. 수입되는 곡물에 씨앗이 섞여 들어왔기 때문이다. 개양귀비와 수레국화는 프랑스에 귀화해서—말하자면 프랑스의 생태계에 잘 편입되어서—이제는 흔히 볼 수 있는 평범한 식물이 되었다. 이런 식물을 '고귀화 식물'이라고 부른다. 16세기 이전(1492년 아메리카 대륙을 발견하고 국제무역이 발달하기 시작한 이후)에 정착했기 때문이다. 일반적으로 1500년 이전에 유입된 외래종은 귀화한 식물로 간주된다.

외래침입종은 의도치 않게 유입될 수 있다. 가는잎금방망이 *Senecio inaequidens*는 20세기 초 모직물 산업이 발달하면서 남아프리카공화국에서 유입되었다(열매가 양모에 달라붙었기 때문이다). 반면 우리의 큰멧돼지풀은 사람들이 관상용으로 일부러 들여왔다.

그렇다면 모든 외래종이 침입종일까? 인간은 세상을 돌아다니기 시작하면서부터 온갖 종류의 식물을 가지고 귀향했다. 그리고 무역이 점점 세계화되면서 더 많은 식물종이 이동하고 있다. 관상용이든 식용이든 외래종은 우리의 정원과 논밭을 풍요롭게 만들었고 우리는 거기에 매우 만족한다. 감자나 깍지콩이 없었다면 우리는 어떻게 되었을까? 이런 점은 매우 긍정적이다. 타국에서 들어온 것은 곧 풍요로움을 의미하니 외래종을 금할 이유가 없다. 해외에서 유입된 식물종 10종 중 단 1종이 일정 기간 생존하고, 그렇게 생존한 10종 중 단 1종이 귀화하며, 귀화한 10종 중 단 1종이 침입종이 된다. 즉, 유입종이 침입종이 되는 비율은 1,000분의 1에 불과하다(마크 윌리엄슨의 법칙).

그런데 왜 어떤 식물들은 원산지에서는 침입종이 아니었다가 다른 곳에서 침입종이 되는 것일까? 이들이 무성생식이든 유성생식이든 번식 능력이 대단하기 때문이다. 큰멧돼지풀도 씨앗을 엄청나게 만들어낸다. 한 그루가 평균 1만 개의 씨앗을 만든다.

또 다른 특징은 인간이 건드린 땅(황무지, 공터, 도로변, 철도변, 강둑 등)에서 생태적 지위를 점한다는 것이다. 일반적으로 균형이 깨진 환경이 더 민감하고 약하기 때문에 결국 침입종이 확산하기 쉬워진다. 아무것도 없는 빈 땅에 씨앗이 싹을 틔우기 더 쉽고, 수도 많고 번식력도 높은 외래종이 이런 곳에 자리를 잡으면 결국 다른 종을 밀어내고 지배종이 된다.

외래침입종이 문제가 되는 것은 생태계에 미치는 영향이 대단하기 때문이다. 큰멧돼지풀은 워낙 많은 개체가 빼곡히 자라기 때문에 그 밑에 자라는 풀들이 햇빛을 받지 못해 죽는다. 국민 건강에 심각한 문제를 낳는 식물들도 있다. 큰멧돼지풀도 닿으면 급성 접촉 피부염을 일으킨다.

에밀리라는 한 젊은 여성은 큰멧돼지풀과 관련한 악몽 같은 경험을 내게 들려주었다. 몇 년 전 결혼식을 하루 앞둔 날 그녀는 하객 테이블을 들꽃으로 장식하고 싶어서 들로 깡충깡충 뛰어나갔다. 그녀는 바라던 대로 거대한 당근 꽃처럼 생긴 아주 멋진 꽃을 발견했다. 장식용으로 그만이었다. 그녀는 두고두고 기억에 남을 결혼식을 위해 한번 보면 잊지 못할 꽃을 한 다발 꺾어서 돌아왔다. 그런데 다음 날 아침, 에밀리는 몸이 좋지 않았다. 살이 후끈거리길래 거울을 들여다봤더니…… 악! 얼굴이 흉측하게 일그러져 있었다. 퉁퉁 부어오른 얼굴은 벌겋고 심지어 물집까지 생기기 시작했다. 에밀리는 겨우 병원으로 달려갔고 의사 선생님에게 큰멧돼지풀을 꺾었노라고 고백했다.

큰멧돼지풀은 광과민성 반응을 일으킨다. 풀을 만진 다음에 햇빛이나 불빛에 노출되면 붉은 반점이 나타나고 심하게는 화상을 입기도 한다. 이 반응은 큰멧돼지풀의 수액과 닿았을 때 일어난다. 피부를 빛에 민감하게 만드는 푸라노쿠마린이라는 성분이 수액에 들어있어서 3도 화상을 입거나 흉측한 물집이 생기고 눈에 들어가면 시력을 잃을 수도 있다. 광선성 피부병은 자외선이 강한 봄과 여름에 더 빈번하게 발생한다. 공교롭게도 이 시기에 푸라노쿠마린의 농도도 올라간다.

2018년 8월, 열일곱 살 된 미국 청소년이 큰멧돼지풀을 만졌다가 3도 화상을 입었다. 소년은 버지니아주의 작은 마을에서 학비를 벌려고 잔디 깎는 일을 했는데, 어느 날 큰멧돼지풀을 보고 '잡초'인 줄 알고 손으로 뽑으려 했던 것이다. 처음에는 피부가 빨갛게 변한 것을 보고 햇빛을 너무 많이 쬐었다고 생각했다. 그런데 집에 돌아와 샤워를 하던 중에 팔과 얼굴의 피부가 벗겨지기 시작했다. 119! 범인을 찾는 데는 오래 걸리지 않았다. 바로 큰멧돼지풀이었다. 응급실에서 치료를 받은 소년은 불쌍하게도 6개월 동안 햇빛을 보지 못했다. 아마 얼굴 피부는 2년 동안 햇빛에 민감할 것이다.[1]

눈치챘겠지만 큰멧돼지풀은 보기에는 멋져도 만지면 그 결과는 끔찍한 식물이다. 프랑스에서는 '과장하면 안 된다'는 뜻으로 '할머니를 쐐기풀로 밀어 넣지 말라'고 말하곤 하는데, 할아버지도 큰멧돼지풀로 밀어 넣지 말아야 할 지경이다. 큰멧돼지풀은 침입종이며 게다가 위험하다. 그러니 가급적 빨리 (장갑을 끼고) 없애버리길 추천한다.

피터 가브리엘 팬들은 들으시라. 제네시스의 보컬이었던 그가 1971년에 〈자이언트 호그위드의 귀환〉에서 이미 경고한 바 있다. 우리는 요즘에 와서야 큰멧돼지풀에 대해 떠들어대지만 그는 선견지명이 있었는지 큰멧돼지풀이 거의 '천하무적'이라는 걸 그때 벌써 느꼈던 것 같다. 노랫말에 이 풀이 어떻게 유입되었고 어떻게 야생으로 탈출했는지 나온다.

Fashionable country gentleman had some cultivated wild gardens. In which they innocently planted the Giant Hogweed throughout the land.

시골 귀족들에게 야생 정원 가꾸는 게 유행이었네. 그들은 순진하게도 땅 전체에 자이언트 호그위드를 심었네.

요즘은 자연이라면 무조건 행복해하는 몇몇 정원사들 말고는 큰멧돼지풀을 옹호하는 사람은 거의 없는 게 사실이다.

섬을 장악한
향기로운 눈송이

아소르스 제도는 자연과 트레킹을 사랑하는 사람에게는 천국이다. 목가적인 풍경, 웅장한 화산, 해안선을 따라 헤엄치는 고래들, 온천, 청명한 호수, 월계수로 이루어진 원시림……. 이 원시림은 독보적이다. 이 세상에 하나밖에 없다고 보면 된다. 유럽의 숲과도 다르고 열대의 숲과도 다르다. 녹나뭇과에 속하는 나무들로 이루어져 있고 '조엽수림'(11쪽 사진 12 참조)으로 불리는 이 숲은 마카로네시아—즉 아소르스 제도와 마데이라 제도, 카나리아 제도—에서만 볼 수 있다.

나는 아소르스 제도의 상미겔섬에서 이 숲을 보고 감탄한 적이 있다. 상미겔섬은 아소르스 제도에서 가장 큰 섬이다. 가장 크다고 해봤자 동서로 8~15킬로미터, 남북으로 65킬로미터 뻗어있을 뿐이지만 큰 섬이 하나도 부러울 것 없는 아름다운 섬이다. 그곳에 관광객이 들끓지 않도록 여기서 그만 입을 다물어야 하는데……. 아소르스 제도의 자랑은 구름 한 점 없이 청량한 날씨만 있는 것이 아니다. 멋진 공원과 식물원, 아름다운 트레킹 코스는 내게 행복을 안겨다 주었다. 섬의 동쪽에서 조엽수림을 처음으로 경험했다. 처음 맛본 분위기였다. 프랑스 북동부의 참나무 숲이나 보주 지방의 소나무 숲에 익숙한 나는 매우 이질적인 풍광에 감탄을 금할 수 없었다. 북쪽에서 만났던 북방침엽수림이나 열대에서 만난 밀림도 이런 장관을 보여주지는 않았다. 조엽수림은 뭔가 다르다. 아름다울 뿐만 아니라 흔하지 않아서 사람을 더 끌어당긴다.

그런데 숲에 들어간 지 얼마 되지 않아 뭔가 이상하다는 생각이 들었다. 늙은 월계수 밑에 자라는 식물이 단 한 종이었기 때문이다. 긴 잎이 난 이 식물은 땅을 온통 뒤덮고 있었다. 언뜻 생강과 비슷해 보였다.

그것은 날씬한 잎을 자랑하는 헤디키움 가르드네리아눔 *Hedychium gardnerianum*으로 생강과에 속하며 진저 카힐리로 불린다 (10쪽 사진 11 참조). 내가 봤을 때는 꽃을 피우지 않은 상태였다. 꽃

헤디키움 가르드네리아눔 ***Hedychium gardnerianum***

이 피었다면 장관이었을 터라 '유감'이었다. 그런데 풀은 예뻤지만 엄청나게 넓은 면적을 차지하고 있었다. 인도, 네팔, 부탄에 뻗어있는 히말라야가 원산지인 이 풀은 많은 지역에 관상용으로 도입되었다. 향긋한 냄새를 풍기는 흰 꽃 때문에 '폭신한 눈송이'라는 뜻의 '헤디키움'이라는 이름이 붙었다. 서정적이지 않은가? 헤디키움 가르드네리아눔에게 아름다운 사연이 있기는 해도 낭만은 여기에서 그친다.

1800년대 초에 나타니엘 발리크(1786~1854)라는 덴마크의 식물학자가 네팔로 원정을 갔다가 카트만두 계곡에서 헤디키움 가르드네리아눔을 발견했다. 이후 찰스 다윈의 친구이기도 한 영국의 식물학자 조지프 돌턴 후커(1817~1911)가 인도 북부의 시킴주에서 이 식물의 밑동을 발견했다. 그렇게 해서 1823년에 콜카타와 런던에 표본이 심어졌다. 라틴어 이름 '가르드네리아눔'은 카트만두 라자의 궁에서 지내던 동인도회사의 에드워드 가드너(성이 정원사라니 재미있다) 대령을 기리기 위해 지어졌다. 아소르스 제도에서 본 이 식물이 우리를 멀리도 데려갔다. 헤디키움 가르드네리아눔의 사연을 들으니 카트만두 계곡으로 가서 인도 곳곳을 누비고 싶은 마음이 든다. 하지만 이건 발리우드 영화도 아니고 사실 그리 낭만적인 이야기도 아니다. 헤디키움 가르드네리아눔은 이국적이고 매력적이지만 번개보다 빠르게 퍼져나갔다.

헤디키움 가르드네리아눔은 유입된 곳마다 재앙 그 자체였다. 특히 섬에서 문제였다. 아소르스 제도, 레위니옹, 하와이, 남아프리카공화국, 뉴질랜드 등지에서 토착종을 제치고 외계인처럼 퍼져나갔다. 덕분에 이 식물은 세계에서 가장 악독한 침입종 100위 안에 들었다. 뉴질랜드에는 1890년에 착륙했고, 하와이에는 1943년에 유입되어 1954년에 국립화산공원에서 최초로 채집되었다. 이곳에서 채집될 때 확산 면적이 500헥타르나 되었고 이어 하와이 전역으로 퍼져나갔다. 지금은 확산을 막기 위해 매년 100만 달러가 지출된다. 하와이에서 헤디키움 가르드네리아눔은 '카힐리 진저', 그러니까 '카힐리 생강'으로 불린다. 카힐리는 하와이의 왕족을 상징하는 깃발인데 새의 깃털로 만들었다. 헤디키움 가르드네리아눔의 아름다운 꽃이 새의 깃털과 닮아서 그런 별칭이 붙은 것이다.

헤디키움 가르드네리아눔은 어떻게 섬 전체를 장악했을까? 수많은 씨앗이 짧은 거리는 물로 이동하고 긴 거리는 새를 통해 이동하는 게 비결이다. 땅에 내려앉은 씨앗은 영양분이 가득 채워지는 땅속줄기를 뻗어 증식한다. 땅속줄기는 매우 촘촘하고 깊이가 1미터에 달할 정도로 두꺼운 양탄자처럼 뻗어가서 매우 조밀한 덤불숲을 형성한다. 그 과정에서 원래 땅에 자라던 식물들을 모조리 없앨 뿐만 아니라 다시 자라지 못하게 막는다.

헤디키움 가르드네리아눔은 안타깝게도 섬들에 유입된 침입종 중 하나에 불과하다. 섬은 생태계가 독특하고 고유성이 높기 때문에 특히 침입종에 취약하다.

침입종을 없애는 일은 쉽지 않다. 헤디키움 가르드네리아눔을 박멸하려는 시도가 성공한 사례는 거의 없다. 물리적으로 베어내는 방법은 비효율적이고 오히려 상황이 악화될 때가 많다. 땅속줄기 하나를 자르면 거기에서 더 많은 줄기가 뻗어 나오기 때문이다. 화학적 방법은 환경에 좋지 않다. 또 워낙 많은 양을 써야 하기 때문에 비용도 만만치 않다.

헤디키움 가르드네리아눔이 골칫덩어리가 된 뉴질랜드에서는 박멸을 위해 막대한 재원이 동원되었다. 노스랜드 지방에서는 이 '야생 생강'이 5,000헥타르에 퍼졌다. 숲이고 밭이고 모두 휩쓸었고, 하천과 길가까지 모두 장악했다. 생산이 가능한 땅을 덮치기 때문에 헤디키움 가르드네리아눔이 노스랜드에 미치는 경제적 손실은 연간 200~300만 유로에 달한다. 연구 결과 가장 강력한 침입종은 헤디키움 가르드네리아눔과 '화이트 진저'라고 불리며 역시 인도가 원산지인 헤디키움 코로나리움*Hedychium coronarium*의 잡종으로 밝혀졌다. 그래서 노스랜드에서는 '야생 생강을 막자!'라는 홍보 캠페인을 대대적으로 벌였다. 피해 지역은 엄청났다. 생물학적 박멸 실험도 진행 중이다. 사실 침입종은 원산지의 포식자와 함께 유입되는 경우가 드물기 때문에 마음껏 번식할 수 있다. 그래서 과학자들은 침입종의 고향인 인도의 시킴주로 직접 가서 포식자가 되어줄 후봇감을 물색했다. 그렇게 해서 찾은 것이 딱정벌레의 일종으로 이 식물 전체를 먹이로 삼는 메타프로디옥테스 sp.*Metaprodioctes sp.*와 파리의 일종인 메로클로롭스 디모르푸스*Merochlorops dimorphus*다. 야생 생강과의 전쟁이 시작된 것이다. 첫 실험 결과는 고무적이니 앞으로 기대해 보자.

그러니까 우리의 어여쁜 헤디키움 가르드네리아눔은 만만치 않게 피해를 입히고 다닌다. 인간의 활동(개간과 외래종 도입) 때문에 전 세계 토착림의 면적은 처음보다 2퍼센트 줄었다. 삼림 벌채로 열대림이 죽어간다는 소리는 많이 하면서 그 외 지역들도 피해가 크다는 사실은 자주 잊는다.

자연에는 모든 것이 연결되어 있는 법. 아소르스 제도의 토착새인 피르훌라 무리나*Pyrrhula murina*도 멸종 위기다. 아마 유럽의 연작류 중 가장 큰 위협을 받는 새일 것이다. 1960년대에 이미 멸종되었다고 알려지기도 했다. 피르훌라 무리나의 먹이는 섬의 토착종 식물 37종이고 그중 13종은 생명과 직결되어 있다. 그런데 헤디키움 가르드네리아눔, 삼나무—임학 연구를 위해 도입되었다—, 그리고 몇몇 침입종의 확산 때문에 먹이를 구하기 힘들어졌다. 결국 피르훌라 무리나는 거의 찾아보기 힘든 새가 되었다. 다행히 현지의 노력이 결실을 거두었다. 삼나무를 베어내고 헤디키움 가르드네리아눔을 뽑아낸 뒤 재림을 통해서 토착종 식물이 다시 자라고 귀여운 피르훌라 무리나도 서식지를 되찾을 수 있었다. 이 새는 국제자연보전연맹 적색 목록에서 몇 년 전에는 '절멸 위급'으로 분류되었다가 현재는 취약종이 되었다. 생물다양성을 지키는 데 포기란 없다! '폭신한 눈송이'도 언젠가 녹는 법!

벨벳 장갑을 낀 철의 손

미코니아 칼베스켄스*Miconia calvescens*. 이 식물에 대해 들어본 적이 있는 사람은 많지 않을 것이다. 타히티에 가본 행운아가 아니라면 말이다. 폴리네시아의 아름다운 섬 타히티에는 고운 모래사장이나 모노이오일로 만든 샤워젤만 있는 게 아니다. 그곳에는 미코니아 칼베스켄스도 있다. 무섭지? 이 식물은 섬 면적의 3분의 2를 장악했다. 그 옆 동네인 모오레아섬은 3분의 1이 미코니아 칼베스켄스로 뒤덮였다. 이 지상낙원에 일찌감치 자리를 잡은 것이다. 이 식물도 세계에서 가장 골치 아픈 침입종 100위 안에 든다.

미코니아 칼베스켄스는 야모란과 중 가장 큰 속인 미코니아속에 속한다. 미코니아속에 속하는 약 2,000종이 신열대구(남아메리카, 중앙아메리카, 앤틸리스 제도)에 분포한다. 우리의 미코니아 칼베스켄스는 4~12미터까지 자라는 작은 나무로 아메리카 대륙의 열대림에서 자란다(12쪽 사진 13 참조). 주로 멕시코, 벨리즈, 과테말라에서 볼 수 있다. 잎은 크고 길며 짙은 녹색인데, 잎의 뒷면은 짙은 붉은색을 띤다. 잎이 워낙 아름다워서 사람들이 보고 그냥 지나치지 못한다.

미코니아 칼베스켄스는 1828년 프랑스계 스위스 식물학자 알퐁스 드 캉돌(1806~1893)에 의해 처음으로 기록되었다. 어린 잔가지에 방사형 털이 난 것이 특징이다. 갑자기 웬 털이냐고 하겠지만 사실 이건 아주 중요한 정보다. 이 털은 나무가 성장하면 사라지는데, 그래서 '칼베스켄스', 즉 '대머리가 되다'라는 이름이 붙었을 것이다. (라틴어 학명에서 대머리라는 뜻의 '칼부스calvus'를 알아보았나?) 1857년에 브뤼셀 왕립동식물원에 최초로 전시된 미코니아 칼베스켄스는 1907년까지 이곳에서 재배되다가 유럽의 수많은 식물원으로 옮겨졌다. 그때는 여러 이름으로 불렸는데, 그중에 '미코니아 마그니피카*Miconia magnifica*'도 있었다. 여기서 '마그니피카'는 '아주 멋진magnifique'이라는 뜻이었다. 아메리카 대륙으로 가보자. 1967년에 멕시코에서 가져온 씨앗을 마이애미의 페어

차일드열대식물원에 심었다. 나무의 매력이 처음으로 알려진 건 1857년 베를린에서 대규모 원예축제가 열렸을 때다. 이때 사람들이 이 나무를 '벨벳나무'라고 불렀다. 프랑스 사람들은 외유내강인 사람을 '벨벳 장갑을 낀 철의 손'이라고 부르는데, 확산력이 강한 이 나무에 걸맞은 이름이 아닐까. 20세기에 미코니아 칼베스켄스는 여러 열대식물원에 입성했다. 1950년대에는 인도네시아, 그 이후 알제리, 스리랑카, 오스트레일리아로 침투한 것이다.

미코니아 칼베스켄스가 스리랑카에서 타히티 식물원으로 가게 된 건 1937년의 일이다. 사람들은 이 식물이 얼마나 빠르게 확산되는지 이내 깨달았다. 1971년에 미국의 식물학자인 프랜시스 레이먼드 포스버그(1908~1993)가 타히티를 여행하다가 적은 기록이 있다.

> 이 미코니아는 타히티 식물들에게는 가장 두려운 공공의 적이다.

그렇다. 미코니아 갱단이 드디어 작전을 개시한 것이다. 그 이후로 통제 불능의 갱단 확장을 비난하는 증언들이 이어졌다. 그 확산세가 얼마나 대단했던지 미코니아 칼베스켄스를 '녹색 암'이라고 부르는 사람들도 있다. 이 나무가 직접적인 위협을 가하는 타히티 고유종이 50여 종이나 된다. 미코니아 칼베스켄스는 그늘을 만들어 햇빛을 막아 고유종의 성장을 방해한다. 그야말로 어두운 그림자 같은 존재다. 미코니아 칼베스켄스의 잎이 큰 것은 원래 고향인 원시림의 하목층에 살 때 햇빛이 잘 들지 않아서 빛을 더 많이 받으려면 큰 잎을 갖는 것이 유리했기 때문이다. 게다가 자라면서 다른 종이 다시 자라나는 것을 막을 수 있다. 미코니아 칼베스켄스는 유성생식(수백만 개의 씨앗을 만든다)과 무성생식(그루터기에 돋는 새순, 복제, 어린잎에서 자라는 뿌리)을 통한 번식력이 대단히 강하다. 씨앗은 매우 빠르게 발아하고 성장속도도 엄청나서 8년 만에 12미터까지 자랄 수 있다. 가소성도 뛰어나서 예를 들어 애벌레나 달팽이가 잎을 갉아 먹으면 나무는 더 많은 잎을 만들어낸다.

뛰어난 번식 능력은 폐해를 낳는다. 생물다양성이 감소하고, 땅 가까이 자라는 풀과 관목의 밀도가 낮아져 토양 침식이 일어나 결국 산사태가 발생한다. 물이 땅으로 스며들지 않아 지하수층에도 위협이 된다.

미코니아 칼베스켄스를 박멸하려고 많은 방법이 동원되었다. 화학약품도 사용해 봤지만 오염 문제를 일으켰다. 주민들이 나서서 정기적으로 나무를 뽑기도 했다. 주민들을 격려하기 위해 시합까지 만들어졌다. 예를 들어 25분 안에 15킬로그램의 미코니아 칼베스켄스를 뽑는 시합이 개최되었는데, 우승한 팀에게는 송아지를 부상으로 주었다. 2등은 닭다리 한 상자를 받았다. 침입종이 나타났을 때 가장 먼저 해야 할 일은 홍보와 예방이다. 마당에 미코니아 칼베스켄스를 심지 말도록 하고 트레킹을 다녀온 뒤에는 씨앗이 묻었을지 모르는 신발을 씻어야 한다.

생물학적 방법도 동원되었다. 15년 전에 미코니아 칼베스켄스에 기생하는 특정 균류(콜레토트리쿰 글로이오스포리오이데스 f. 미코니아이*Colletotrichum gloeosporioides* f. *miconiae*)를 도입한 것이다. 이 균류는 탄저병을 일으켜 잎을 말리고 나무를 괴사시킨다. 포자를 나무에만 뿌려서 균류가 잘 퍼지도록 했다. 이 연구 및 퇴치 프로그램에 들어간 비용은 1988~2008년에 60만 유로에 달했다. 그 결과 일부 지역에서는 미코니아 칼베스켄스의 확산을 제한했고 위기에 처한 고유종이 다시 숨쉴 수 있게 된 것으로 보였다.

그런데 나무에 뿌린 균류가 최근에 문제로 거론되었다. 채소와 수목 재배업자들이 이 균류 때문에 감귤나무가 괴사한다고 주장했기 때문이다. 과학자들은 도입한 균류가 미코니아 칼베스켄스만 공격하기 때문에 레몬이나 자몽은 다른 균류에 감염되었을 것이라고 설명했다. 정확한 원인이 무엇이든 간에 생물학적 퇴치법은 많은 연구를 필요로 한다. 침입종을 몰아내려고 도입했던 생물종이 오히려 침입종이 된 사례가 이미 있기 때문이다.

미코니아 칼베스켄스를 박멸하지 못할 바에야 차라리 이 나무에 유용성을 부여할 수는 있을 것이다. 나무가 워낙 많으니 그렇게 되면 더할 나위 없다. 2018년 캐나다에서 개최된 혁신경쟁 코오페라통Coopérathon에서 '침입 솔루션Invasive Solutions'이라는 폴리네시아 팀이 환경용기상을 거머쥐었다. 이 팀은 아주 신선한 재료를 사용해서 생분해되는 갖가지 용기를 제작했는데, 그 재료가 바로 미코니아 칼베스켄스였다. 플라스틱 사용도 줄이고 침입종도 활용하니 그야말로 일거양득이다.

결국 개체수 변화를 연구하고 문제에 대해 홍보하고 설명하면 침입종의 영향은 제어하고 최소화할 수 있다.

생태학은 복잡한 학문이다. 자연은 성숙한 어른처럼 스스로 조절할 수 있다고 주장하며 외래침입종의 심각성을 무시하는 사람들도 있다. 기후변화가 와도 동식물들이 다 알아서 적응할 테니 가만히 있어도 된다는 것과 같은 소리가 아니고 뭔가! 그 소리가 완전히 틀린 것은 아니라 할지라도 말이다. 인간이 자연을 보호하는 것은 결국 자기 자신을 보호하기 위함이다. 시멘트로 덮인 세상보다 푸르른 들판에서 행복을 만끽하고, 오랫동안 건강하게 살고 싶은 인간이 자기 자신을 치료해 줄 새로운 생물종을 발견하고 밥을 먹고 돈을 벌 수 있도록 자연에서 경제적 자원을 찾으려는 것이다. 우리가 생물다양성을 보호해야 하는 것은 우리가 받을 수 있는 자연의 혜택 때문이다. 아니나 다를까 우리는 그것을 '생태계 서비스'라고 부른다. 그런데 우리는 자연에 어떤 서비스를 제공하는가? 자연을 운용하는 것은 자연을 이용하는 것 외에도 자연을 돕는 일까지 포함한다. 생물종들이 행복하게 살아갈 수 있도록 자연을 도와야 한다. 자연은 인간을 필요로 하지 않는다고? 하지만 인간은 자연의 일부이고 더 나아가 가장 위험한 침입종이다.

사람마다 의견이 다를 수 있다. 왕게를 예로 들어보자. 왕게는 바렌츠해에 유입되어 환경 재앙을 일으키고 있지만 어부들에게는 소중한 자원이다. 그러나 왕게가 '붉은 황금'이 되도록 포획량을 제한했다. 새로운 서식지에서 포식자도 없는 데다가 포획량도 제한되자 왕게는 엄청난 속도로 늘어났다. 그렇다면 이것은 인간에게 좋은 일일까? 동물에 관해서든 식물에 관해서든 사람들은 환경보다 경제적 이익을 우선한다.

침입종을 변호하기 위해 미적 가치도 종종 언급된다. 큰멧돼지풀이 아름다운 것은 사실이다. 분홍색 꽃을 피우는 히말라야봉선화*Impatiens glandulifera*도 빽빽하게 들어찬 모습이 아름답다. '나비나무'라고도 불리는 부들레야*Buddleja davidii*는 예쁜 데다가 나비들까지 불러모은다. 이 침입종들만 보면 문제가 없다. 아무튼 가장 아름다운 식물들 아닌가? 작고 못생겼다는 평을 받는 고유

종보다 훨씬 예쁘니 말이다. 참 재미있는 논리다. 무슨 기준으로 어떤 종이 다른 종보다 아름답다고 판단하는 것일까?

어떤 종이 가져다줄 수 있는 경제적 이익이나 미적 이익을 내세우는 것이 다른 종의 가치를 평가 절하하면서 이루어진다면 매우 편협하고 문제가 있는 관점이다. 미의 기준은 매우 주관적이다. 화려한 꽃 옆에 핀 소박한 작은 꽃이 아름다울 수도 있다. 또한 각 생물종은 주어진 생태계 안에 자신의 자리가 있다. 한 생물종이 자리를 다 차지하고 있는 환경보다 수많은 종이 어울려 사는 풍요로운 환경을 보는 것이 더 좋은 법이다.

따라서 침입종의 문제는 많은 논의를 필요로 한다. 환경 문제뿐만 아니라 공중보건과 경제 문제와도 연결되어 있기 때문이다. 상품처럼 종도 유통되면서 생태계는 획일화되고 있다. 하지만 자연의 전면적인 규격화가 이루어지지는 않으리라 소망한다. 우리에게는 인간과 식물이 행복하게 어울려 살 수 있는 다양하고 풍요로우며 다채로운 환경이 필요하다.

4

에취!

매년 꽃가루 알레르기 때문에 고생하는 사람이 부지기수다. 그리고 이 문제는 나아질 기미가 보이지 않는다. 알레르기 문제는 공중보건 분야의 중요한 쟁점이 되었다.

미국에서 온 재채기 풀

골칫덩어리 시상식에서 최상위에 오른 존재가 있다. 이름하여 돼지풀*Ambrosia artemisiifolia*. 돼지풀은 침입종이면서 알레르기도 쉽게 일으키는 능력을 지녔다(13쪽 사진 14 참조). 그야말로 이중고다. 북아메리카가 원산지인 돼지풀은 19세기와 20세기 초에 우발적으로 수입되었다. 프랑스에서는 1863년에 알리에 지방에서 처음 출현했다. 지금은 론알프 지방 전역에 퍼져서 덕분에 티슈 판매만 성행한다.

그런데 이 미국 출신의 돼지풀은 론알프 사람들의 코만 괴롭히지 않았다. 워낙 유럽 전역에 널리 퍼져있기 때문이다. 독일과 영국에도 1860년대 초에 상륙했다. 특히 문제가 되었던 곳은 이탈리아와 동유럽이고 발칸반도에 이어 헝가리, 우크라이나, 러시아 남부까지도 피해를 입었다. 영국에서도 점점 더 확산되고 있다. 중국에는 1930년에 유입되었는데 그 이후로 14개 지방에 퍼졌다. 오스트레일리아에서도 1930년에 처음 보고되었다. 돼지풀의 역마살은 참 대단하다.

최초의 유입은 콩과 식물, 특히 펜실베이니아주의 붉은토끼풀*Trifolium pratense*을 수입하는 과정에서 이루어졌다. 당시 펜실베이니아주는 독일 출신 농부들이 장악해서 자연스럽게 유럽에 붉은토끼풀을 건초로 수출하던 곳이었다. 고마운 독일 농부들 같으니라고! 그들은 붉은토끼풀 사이에 고약한 돼지풀이 숨어 들었는지도 몰랐고, 돼지풀이 사상 최악의 침입종이 될 거라는 사실은 더더욱 몰랐다.

미국에서도 농업이 발전하면서 돼지풀의 확산도 빨라졌다. 1946년에 뉴욕에서 돼지풀로 인한 비염이 하도 극성을 부려서 시의회에서 돼지풀 퇴치 캠페인까지 벌일 정도였다.

1차 세계대전 당시에는 프랑스 군대에 보급된 말들과 함께 실려 보낸 건초에 섞여 들어왔다. 이것이 프랑스에 돼지풀이 유입된 두 번째 경로였다. 이처럼 전쟁이나 군사점령 시기에 확산된 식물을 '공위攻圍' 식물이라고 부른다. 이후 돼지풀은 도로 정

돼지풀 *Ambrosia artemisiifolia*

비를 할 때 흙을 옮기는 트럭, 농기계, 새 먹이로 쓸 종자 거래, 하천 등 다른 여러 경로를 통해 전국으로 퍼졌다. 돼지풀은 황무지, 물가, 도로변을 좋아하고 공사장 같은 공터에서는 빠른 속도로 자란다.

여느 침입종과 마찬가지로 돼지풀도 번식력이 굉장하다. 씨앗, 더 자세하게 말하면 열매(수과)는 바람이나 물을 타고 퍼진다. 그러나 주요 매개체는 인간이다. 돼지풀 한 뿌리는 3,000개의 씨앗을 만들 수 있으니 대단한 실력이다. 더 눈 돌아가는 숫자를 말하자면, 돼지풀 한 뿌리는 꽃가루 10억 개를 만들 수 있다. 일일이 세어보지는 않았지만 아무튼 많은 건 사실이다. 수많은 콧구멍을 간지럽히기에 충분한 양이다. 그래서 돼지풀은 많은 나라에서 골칫거리가 되었다. 2008년에 부다페스트에서 국제학회가 열릴 정도였다. 엄청난 확산 속도 때문에 토착종의 서식지가 위험에 빠질 수도 있다. 알프스 산지의 자갈이 깔린 강가가 그 예다. 하지만 돼지풀이 미움을 받는 건 건강에 미치는 영향 때문이다.

돼지풀은 국화과(데이지와 아르니카 등)에 속하는 한해살이 초본식물이다. 돼지풀의 잎은 머그워트*Artemisia vulgaris* 잎을 닮았지만 둘을 혼동하지 않는 것이 신상에 좋을 것이다. 머그워트는 약효 성분을 가지고 있지만 사촌격인 돼지풀은 알레르기를 일으킬 뿐이니까. 돼지풀의 수꽃은 알레르기를 일으키는 꽃가루를 내뿜는다. 꽃가루를 만나면 재채기, 코 간지러움, 충혈되고 부어 눈물이 나는 눈, 호흡기 문제, 그리고 심하게는 천식 발작까지 눈물 콧물 잔치가 이어진다.

이 꼭지에서는 주로 돼지풀을 다루지만 프랑스에 알레르기를 일으키는 비슷한 돼지풀이 또 있다. 단풍잎돼지풀*Ambrosia trifida*과 암브로시아 프실로스타키아*Ambrosia psilostachya*다.

프랑스에서는 이 돼지풀들에 노출된 인구의 6~12퍼센트가 알레르기로 고생한다. 오베르뉴-론알프 지역에서는 그 수가 60만 명에 달한다. 스위스에서는 인구의 20퍼센트에 달하는 120만 명이 알레르기 반응을 보인다. 미국인들에게도 이 문제는 낯설지 않다. 1930년대에 이미 돼지풀은 천식의 주요 원인으로 지목되었다. 헝가리는 인구 2명당 1명이 알레르기를 일으켜 신기록을 세웠다. 헝가리는 면적의 90퍼센트가 돼지풀에 장악되었다.

숫자가 나왔으니 하는 말인데, 돼지풀이 낳은 피해 때문에 지출되는 비용은 어마어마하다. 론알프 지역 건강감시국의 연구에 따르면 돼지풀과 관련된 의료비 지출은 2017년에 4,100만 유로에 달했다. 40퍼센트는 진료에, 16퍼센트는 의약품에, 14퍼센트는 병가에 지출됐다. 주민 670만 명(인구의 86퍼센트)이 20일 이상 돼지풀의 꽃가루에 노출되는데, 민감한 사람에게 증상을 일으킬 정도의 양이다. 유럽 전체적으로도 의료비 지출과 농업 피해액까지 포함하여 야기된 비용은 50억 유로에 달한다. 숫자가 정말 커지기 시작한 것이다.

2015년에 《네이처 클라이미트 체인지》에 발표된 연구는 돼지풀이 기후변화로 인해 지속적으로 확산될 것이고 점점 더 북쪽으로 올라갈 것이라고 예측했다. 공기 중 꽃가루 농도는 2050년까지 4배 증가할 것이다. 외래침입종이 다 그렇듯이 돼지풀에 대해서도 예방이 치료보다 낫다. 그러니 하루빨리 실천에 옮겨야 한다.

프랑스에서는 삼림감시원을 대상으로 한 교육도 정기적으로 실시된다. 돼지풀은 꽃을 피우기 전에 뽑아내야 하는데 우선 돼지풀을 알아봐야 하기 때문이다. 만약 마당에 돼지풀이 자란다면 뽑아내는 것이 책임 있는 시민의 행동이다. 박멸 캠페인이 펼쳐지는 기간 동안 주민들은 노란색 조끼와 장갑을 착용하고 도로변에 난 돼지풀을 즐겁게 제거한다. 양들도 동원되어 돼지풀을 뜯어 먹으니 친환경적인 방법이 아닐 수 없다.

돼지풀이 가장 심각한 침입종인 헝가리도 문제의 심각성을 인지하고 있다. 그래서 법적인 강제 조항을 마련하고 행동 계획을 이행했다. 홍보뿐 아니라 돼지풀 뽑기와 베기 등 모든 대책이 강구되었다. 프랑스에서는 2017년 4월 26일 법령으로 전국

단위의 돼지풀 규제를 발표했다.[1]

론알프 지방에서는 2000년대에 들어서면서 도 단위의 명령을 발표하기도 했다.

> 돼지풀의 확산을 막고 주민의 꽃가루 노출을 줄이기 위하여 소유주, 임차인, 권리자, 점유자는 돼지풀이 자라는 것을 사전에 막고 이미 자란 돼지풀은 없애야 한다. 본 명령의 조항들을 어기는 자는 형법이 적용되어 기소될 수 있다. 점유자가 명령을 이행하지 않을 시에는 시청이 지방자치일반법 제L2212-1항과 제L2212-2항에 의거하여 돼지풀을 제거할 수 있고 이때 제거 비용은 당사자가 부담한다.

돼지풀 예방과 퇴치 활동을 조정하기 위한 전국 단위의 관측소도 있다. 돼지풀 뽑기를 잊은 토지 소유자들은 최대 450유로의 벌금형을 받을 수 있다. 이는 과속운전보다 무거운 벌이다. 그러나 이 모든 노력에도 불구하고 돼지풀은 여전히 빠르게 확산 중이다. 특히 해바라기 밭이 피해를 많이 입는다. 돼지풀에 효과적인 제초제도 없는 상태이고, 돼지풀에 영향이 있는 제초제는 역시 국화과에 속하는 해바라기에도 해를 입힌다. 따라서 돼지풀 확산에 농부들은 책임의식을 가져야 한다. 해바라기 씨를 담은 봉투가 '오염'되면서 돼지풀 씨앗이 퍼지기 때문이다.

일부 국가에서 생물학적 방법으로 돼지풀을 퇴치해 보려는 실험을 진행하기도 했다. 중국, 오스트레일리아, 이탈리아 북부에서 돼지풀잎벌레*Ophraella communa*라는 이름을 가진 작은 딱정벌레를 이용했다. 이 딱정벌레는 1996년에 우연히 일본에 유입되었다가 2001년에 중국으로, 2013년에 다시 유럽으로 이동했다. 다행히 중국과 밀라노 근교의 롬바르디아 지역에서 좋은 성과를 거둔 것으로 보인다. 돼지풀과 마찬가지로 돼지풀잎벌레도 북아메리카가 원산지다. 이 곤충은 돼지풀 잎에 2,700개까지 알을 낳을 수 있다.

하지만 생물학적 퇴치 방법은 실행하기도 어렵고 위험도 따른다. 돼지풀잎벌레가 다른 식물들도 공격해 되레 침입종이 되지 않으리라는 법이 없기 때문이다. 다만 다른 식물에 대한 영향은 미미하다는 고무적인 연구 결과도 나와서 이 딱정벌레를 이용해 돼지풀의 번식 속도를 줄이려는 연구가 계속되고 있다.

코를 간지럽히는 일본 나무

일본 등지에 자라는 삼나무*Cryptomeria japonica*는 다량의 꽃가루를 내뿜어 인간을 공격하는 것으로 유명하다(14쪽 사진 15 참조). 이번 꼭지에서는 미리 티슈를 준비하시길!

혹시 꽃가루에 알레르기가 있는지? 그렇지 않더라도 주위에 알레르기 비염을 앓는 사람이 한 명쯤은 있을 것이다. 알레르기가 있다는 것은 면역체계에 이상이 왔다는 소리다. 면역체계가 원래 공격적이지 않았던 물질에 대한 내성을 잃었기 때문이다. 증상은 민감성, 유전, 습관, 환경에 따라 사람마다 다르게 나타난다.

프랑스에서는 국민의 25퍼센트가 꽃가루 알레르기를 갖고 있다. 유럽 전체에는 그런 인구가 3,500만 명이 넘는다. 전망도 좋지 않다. 2050년이 되면 서양 인구의 절반이 알레르기를 앓게 될 것이다.[2]

이 꼭지에서는 나무가 일으키는 알레르기에 대해 살펴보고자 한다. 하지만 자작나무, 개암나무, 물푸레나무 등 어떤 특정한 나무를 원인으로 지목하기는 어렵다. 눈물 콧물 짜내는 식물로는 볏과 식물도 빼놓을 수 없다. 꽃가루 알레르기의 증상은 거의 비슷하다. 가려움(눈과 코), 후각 상실, 콧물, 재채기, 코막힘이다. 사람에 따라 결막염, 습진, 천식을 앓기도 한다.

이 모든 증상은 다소 가벼워 보인다. 가벼운 감기(또는 콧물 증상)는 언뜻 보면 심각하지 않다. 《백설공주》에 나오는 난쟁이 '재채기'를 기억할 것이다. 난쟁이가 계속 재채기를 해대는 모습은 재미있기까지 하다. 하지만 알레르기가 있는 사람은 그 모습을 보고 웃지 못할 것이다. 알레르기 때문에 삶의 질은 정말 낮아질 수 있다. 사생활에 있어서나 직장생활에 있어서나 능률이 떨어지고 여기에 수면장애, 피로, 짜증까지 겹친다. 사회보장비용도 의료 비용뿐 아니라 늘어나는 병가 때문에 크게 증가한다. 미국에서는 해마다 알레르기로 인한 비용이 180억 달러에 달하고, 유럽에서는 550~1,510억 유로에 이른다. 이럴 수가 있

삼나무 *Cryptomeria japonica*

나! 이건 로또 기금보다 더 많은 액수다.

이 모든 사태의 책임자는 작은 꽃가루이다. 꽃가루는 수술에서 만들어진다. 2~3개의 세포로 되어있고, 그중 하나의 세포가 생식 세포이다. 꽃가루는 말하자면 정자를 운반하는 수단이다(정자는 재채기를 일으키지 않지만). 수꽃이 내뿜은 꽃가루는 바람을 타거나 꿀벌 같은 곤충에 묻어 이동해서 암꽃을 만나 수정하고 열매를 맺는다. 따라서 꽃가루는 생명의 순환에 참여한다. 꽃가루가 없으면 열매도 없고 식물도 존재할 수 없다. 알레르기를 일으키는 것은 꽃가루가 만들어내는 성분이다. 예를 들어 자작나무에서는 'Bet v1'과 'Bet v2'라는 단백질이 알레르기를 유발한다.

모든 식물이 알레르기를 일으키는 것은 아니다. 그러려면 바람에 의해 호흡기 점막을 자극하는 꽃가루를 날려야 한다. 그래서 풍매식물만 알레르기를 일으킬 수 있다. 하지만 이것만으로는 부족하다. 꽃가루의 크기가 작더라도 대량으로 날려야 하고 알레르기 유발 가능성이 높아야 한다.

알레르기 반응은 두 단계로 이루어진다. 우선 알레르기 유발 요인과 처음 접촉할 때 거부반응이 일어난다. 면역계가 면역글로불린 E라는 특수한 항체를 만들어낸다. 이 항체는 조직세포인 비만 세포에 달라붙고 알레르기 유발 요인을 다시 만나면 핀 빠진 수류탄으로 변한다. 두 번째 단계는 알레르기 반응 그 자체이다. 알레르기 유발 요인이 비만 세포를 감싼 항체와 만나면 항체는 히스타민 같은 물질을 배출한다. 이 염증 물질이 알레르기의 원인이다.

돼지풀이 알레르기를 일으키는 식물 중 거의 최강이지만 시상대에는 삼나무도 올라 있다. 프랑스에서는 삼나무를 흔히 '사이프러스'나 '일본 개잎갈나무'라고 부르지만 삼나무는 사이프러스도 아니고 개잎갈나무도 아니다. 여기에서 라틴어 학명이 얼마나 중요한지 알 수 있다. 삼나무의 이름 '크립토메리아'는 그리스어 '크립토스kryptos(숨겨진)'와 '메로스meros(부분)'에서 왔다. 실제로 측백나무과에 속하는 아름다운 침엽수인 삼나무의 씨앗은 구과 속에 숨어있다. '야포니카'라는 이름이 말해 주듯이 삼나무는 일본이 원산지이고 한국, 중국, 대만, 그리고 레위니옹과 아소르스 제도까지 퍼져있다. 일본에서는 삼나무를 '스기'라고 부른다. 현존하는 가장 오래된 삼나무는 '조몬스기'라고 불리고 2,000살이 넘는 고목이다. 조몬스기는 식물학자이자 여행가였던 칼 페테르 툰베리(1743~1828)가 1784년경 '발견'했다. 삼나무는 1842년에 영국과 프랑스에 유입되었다.

일본인 4명 중 1명, 즉 3,000만 명 이상이 가훈쇼花粉症, 즉 꽃가루 알레르기로 고생하는데, 이 중 70퍼센트가 삼나무로 인한 알레르기이다. 2차 세계대전 이후 일본에서 전후 재건에 필요한 목재 수요를 감당하기 위해 대규모 삼나무 식림 사업이 진행되었다. 1950년에서 1970년까지 400만 그루가 심어지면서 삼나무는 그야말로 대유행이었다.

그런데 삼나무가 자라자 엄청난 양의 꽃가루를 내뿜기 시작했다. 꽃가루는 보통 2월에서 4월까지 바람을 타고 날아다니는데 이 시기는 벚꽃 개화와 맞물린다. 벚꽃 구경을 좋아하는 일본인들은 삼나무의 꽃가루를 피할 길이 없다. 그렇다 보니 마스크와 티슈가 동날 지경이다. 놀라운 것은 시골보다 도시의 알레르기 환자 수가 더 많다는 사실이다. 날아올랐던 꽃가루가 도로나 지붕에 내려앉는데 시골과는 달리 다른 식물들에 의해 '필터링'이 이뤄지지 않기 때문이다. 삼나무 알레르기는 치료비나 병가 등 일본 경제에 매우 큰 피해를 입힌다.

삼나무가 알레르기를 일으킨다는 사실은 1960년대에 밝혀졌다. 그 이전에는 돼지풀 알레르기가 조금 알려져 있었지만 삼나무에 대해서는 별로 우려하지 않았다. 그 이후 환자 수는 증가하기만 했고 현재 일본에서는 '국민병'이라고 말할 정도가 되었다. 알레르기를 일으키는 삼나무의 단백질 성분은 'Cry j1'이다. 여기서 'Cry'가 혹시 '울다'라는 뜻이 아닐까? 훌쩍.

물론 수천 그루의 아름다운 삼나무를 베어버린다는 것은 상상하기 힘들지만 알레르기를 덜 유발하는 품종으로 다시 심는 방법은 생각해 볼 수 있다. 그래서 꽃가루가 나오지 않는 품종이 많이 개발되었고 이는 해결책이 될 수 있다. 유럽에서도 상황은 마찬가지이다. 도시에 자작나무와 플라타너스만 심으라는 법은 없다.[3] 나무가 들어설 자리를 마련하는 것은 중요하고 삶의 질 향상, 웰빙, 생물다양성 보호, 휴식공간 마련 등 그 이유는 많다. 어디에 배치할 것인가가 문제일 뿐이다.

우리의 짓궂은 삼나무에 관해서는 유전자변형 쌀을 알레르기 예방 백신으로 개발하는 연구가 진행 중이다. 유전자를 조작한 쌀을 먹어서 면역을 키우는 방법이다. 쌀은 삼나무 꽃가루를 모방한 아미노산을 만들고 이는 면역력을 높이는 데 도움이 될 것이다. 생쥐와 마카크원숭이를 대상으로 한 실험 결과는 고무적인 것으로 보인다. 유전자변형 쌀 섭취에 부작용이 없을지 판단하는 일만 남았다.[4]

꽃가루와 식품의 알레르기 교차반응이 일어난다는 사실을 알고 있는가? 자작나무에 알레르기가 있다면 사과와 호두에도 알레르기가 있을 수 있다. 돼지풀에 알레르기가 있다면 바나나와 멜론에 알레르기가 있을 수 있다. 알레르기는 주요 원인 물질과 구조가 비슷한 물질에 의해서도 일어날 수 있다. 더 놀라운 교차반응도 있다. 진드기와 해산물, 고양이 털과 돼지고기가 그러하다. 쿠프레수스 셈페르비렌스*Cupressus sempervirens*의 꽃가루에 알레르기가 있는 사람은 성인이 되었을 때 감귤류와 복숭아에 알레르기를 일으킬 수 있다는 최근 보고도 있다. 한 연구팀이 관련 알레르기 원인 물질이 교차반응 증상을 일으키는 새로운 단백질군에 속한다는 사실을 밝혀냈다(2017년).[5] 삼나무로 다시 돌아오자면, 삼나무 꽃가루에 알레르기가 있는 개가 토마토에도 알레르기 반응을 보인 사례가 관찰되었다.

알레르기 유병률이 증가하는 것은 우리의 생활방식 변화로 인한 환경 변화와 관련이 있다. 특히 오염물질과 꽃가루가 결합하기 때문에 오염과 알레르기의 직접적인 연관성이 알려지고 있다. 오염물질과 꽃가루가 결합해서 알레르기 유발 물질이 만들어지면 천식 등 호흡기 질환을 일으킬 수 있다.

빙하가 녹고, 북극곰이 사라지고, 수자원이 줄어들고, 태평양의 섬들이 바다 밑으로 가라앉고, 그 밖에 다른 비극이 일어나리라는 예측을 믿지 않는 사람이라도 기후변화가 알레르기에 영향을 미치리라는 사실만은 믿으시라. 공기 중에 꽃가루가 증가하고, 개화기와 꽃가루가 날아다니는 기간이 길어지고, 알레르기를 유발하는 생물종이 확산할 것이다. 기후변화에 알레르기를 일으킬 만한 예측이 아닐 수 없다.

일본에서 진행된 계절학(1년 중 처음 꽃이 피고 잎이 나는 시기 등 계절에 따라 일어나는 생물학적 사건을 연구하는 학문) 연구들은 삼나무 꽃가루 출현이 1983년에는 73일째였다면 2003년에는 47일째라는 사실을 발표했다.[6] 기상청 자료도 2월 평균 온도가 1983년에서 2003년까지 섭씨 2.1도 올랐다는 것을 보여준다. 한국의 제주도에서 2011~2017년에 수행된 연구에 따르면 1970년에 비해 2011년에 평균 기온이 1.7도 올랐다. 제주도 북부의 꽃가루 확산 기간도 2011년에 44일이었던 것이 2017년에 71일로 늘어났다.[7]

그러니까 더 많은 사람이 알레르기를 일으키는 것은 우리가 코 푸는 걸 보면서 깔깔깔 웃음을 터트리려고 끔찍한 꽃가루를 퍼뜨리는 오만방자한 식물들 때문이 아니다. 꽃가루는 인간으로 치면 정자와 같이 식물의 번식에 없어서는 안 될 존재이다. 우리가 의문을 가져야 할 것은 오히려 우리의 생활방식이다.

알레르기를 없애기 위한 흥미로운 시도들이 있다. 프랑스 로렌 지방에서는 '폴리네르'라는 프로젝트를 진행 중이다.[8] 폴리네르는 식물학자들과 아마추어들이 꽃가루 확산 시기를 추적해서 알레르기가 있는 사람들에게 최대한 빨리 알려 대비하도록 하는 모임이다. 소식을 들은 사람들은 바람이 불 때 잔디를 깎지 않고, 낮에 창문을 열지 않는 등 상식을 벗어나지 않는 선에서 행동을 바꿀 것이다. 볏과 식물이 있는 밭에서 나뒹구는 정신 나간 짓은 하지 않고, 빨래는 실내에 널고, 노란색 꽃가루가 베개에 묻지 않도록 자기 전에 머리를 감을 것이다.

5

가짜 천국

대마초, 코카나무, 담배, 술의 재료가 되는 식물 등 많은 식물이 중독을 유발하는 물질을 만들어낸다. 중독을 일으키는 몇 가지 식물에 대해 조명하자.

우리를 괴롭히는 식물,
담배의 역사

이중적인 모습을 보이는 식물은 또 있다. 그것은 남아메리카에서는 대대로 사용되면서 사랑을 받고, 다른 곳에서는 해악이 잘 알려져서 악마화된 식물이다. 유럽에 유입되었을 때는 만병통치약으로 알려졌지만 지금은 저주받는 식물이다.

펠릭스 남작이라는 가명과 바랭 남작이라는 필명으로 알려진 루이 프랑수아 드 라방(1795~1870)은 이 식물에 경의를 표하지 않는다.

담배는 계속해서 퍼지는 끔찍한 나병과 같고, 야만인들의 침략보다 천 배는 치명적이다. 우리가 들이마시는 공기를 오염시키고, 감각을 마비시키며, 상상력을 죽이는 지독한 독약이다. 담배가 저지른 혹은 저지르게 한 끔찍하고 괴물 같은 범죄와 해악보다 더한 것은 없다. 담배로 인해 모든 사회 관계가 무너지고, 사람들이 멍청해지고, 취향이 변질된다. (…) 담배 때문에 충치가 생기고, 향기롭던 숨이 악취를 풍기고, 콧구멍이 커지고, 눈빛이 탁해지고, 목소리가 걸걸해지고, 입맛이 줄어들고, 욕망이 저하되며 생각이 둔해진다.

담배에 정나미가 뚝 떨어질 소리다. 하지만 이 말은 틀리지 않았다.

담배 소비의 해악과 그 비극적인 결과를 여기서 일일이 나열하지는 않겠다. 2019년 세계보건기구 통계에 따르면 해마다 전 세계에서 800만 명 이상이 흡연으로 인해 사망한다.[1] 흡연은 피할 수 있는 사망 원인 1위다. 벨기에에서는 흡연으로 매일 40명이 사망한다. 1시간마다 2명이 죽는 셈이다. 프랑스에서는 해마다 7만 3,000명이 흡연으로 목숨을 잃으니 매일 200명이 사망하는 꼴이다. 계산해 보면 프랑스 사람이 벨기에 사람보다 성적이 더 나쁘다. 시간당 8명이 사망하기 때문이다. 지구촌 전체로 보면, 흡연은 에이즈, 말라리아, 전쟁으로 사망하는 사람 모두를

담배 ***Nicotiana tabacum***

합친 것보다 더 많은 사망자를 낳는다. 입이 떡 벌어지는 이런 수치들을 보면 혹시 담배가 아니라 다른 걸 흡입한 게 아닌가 의심스러울 지경이다.

이러한 재앙의 원인인 치명적 식물, 담배의 역사를 되짚어 보자. 담배*Nicotiana tabacum*는 토마토, 감자와 함께 가짓과에 속한다. 담뱃속에는 약 45종이 있다. 65종까지 있다고 하는 사람들도 있지만 일부는 동일한 종으로 보인다(식물학자들이 가끔 이미 존재하는 종이 새로운 종인 줄 알고 다시 명명할 때가 있다). 대부분의 담배(살인도구—앗, 담배 미안!—가 아니라 여기서는 담배라는 식물을 말한다)는 아메리카가 원산지이다. 다른 대륙이 원산지인 종도 있다. 니코티아나 수아베올렌스*Nicotiana suaveolens*와 니코티아나 오키덴탈리스*Nicotiana occidentalis*는 둘 다 오스트레일리아가 원산지이고, 니코티아나 아프리카나*Nicotiana africana*는 나미비아가 원산지이다. 담뱃속 중 유일한 아프리카산 종인데 안타깝게도 지금은 국제자연보전연맹의 적색 목록에 포함되어 있다.

담배의 역사는 굴곡져 있다. 그걸 다 쓰면 책 몇 권 분량은 나올 것이다. 담배는 최고로든 최악으로든 세상을 완전히 뒤흔든 식물 중 하나이다. 크리스토퍼 콜럼버스(1451~1506)는 아메리카 원주민들이 담배 피우는 모습을 목격한 최초의 탐험가이다. 곤살로 페르난데스 오비에도 이 발데스(히포마네 망키넬라를 발견했던 에스파냐 사람)는 1535년에 이렇게 적었다.

> 이 섬(에스파뇰라, 즉 아이티섬)의 원주민들은 모든 악습 중 '타바코스'라고 부르는 어떤 연기를 들이마시는 무척 나쁜 악습을 가지고 있다. 그들은 감각에서 벗어나고 싶을 때 그것을 들이마신다. (…) 거기에서 어떤 즐거움을 얻는지 알 수 없다. 뒤로 자빠질 때까지 술을 마시는 것과 같은 탐욕이 아닐까? (…) 내게는 타락하고 나쁜 관습으로 보인다.

담배는 아메리카 원주민들이 아주 오랫동안 수많은 의식에 사용해 왔다. 대부분의 마약과 마찬가지로 서양 사회가 담배의 용도를 변질시킨 것이다.

유럽에서 담배를 처음 보고한 사람은 탐험가이자 수도사였던 앙드레 테베(1516~1590)다. 1555~1556년에 브라질의 프랑스령을 여행할 때였다. 하지만 리스본 대사였던 장 니코(1530~1604)가 편두통을 앓는 카트린 드 메디시스에게 담배를 보내면서 주인공 자리를 빼앗아 갔다. 그는 아메리카에 발을 들인 적도 없는데 역사에 길이 남게 되었다. 담배를 기적의 약으로 여겼던 시대가 끝난 뒤 담배의 대서사시가 시작되었다. 1561년에 리스본의 추기경 산타 크로스가 바티칸에 담배를 가져갔고, 그 이후로 담배는 '추기경의 풀'이라는 별명을 얻었다.

처음에는 담배가 약용식물로 취급되었다. 세비야의 의사이자 식물학자였던 니콜라스 모나르데스(1493~1588)는 원주민들이 식인종의 독화살에 맞아서 난 상처를 담배로 치료하는 장면을 목격했다. 알아둬서 나쁠 것 없는 정보로군. 모나르데스는 1571년에 이렇게 썼다.

> 담배 연기는 카타르 염증, 현기증, 눈곱, 두통, 시야 흐림, 난청, 코 궤양, 치통, 아구창, 류머티즘, 기침, (…) 기생충, 치질, (…) 종양, 심각한 궤양(…)에 효과적이다.

담배는 어디에나 좋은 만병통치약으로 여겨졌고 그로 인해 폭발적인 인기를 얻었다.

그러나 누구나 담배를 좋아한 것은 아니었다. 교황 우르바노 7세(1521~1590)도 담배라면 질색했다. 역사상 가장 짧게 교황직을 수행한 그는 선출된 지 12일 만에 말라리아에 걸려 사망했다. 하지만 1590년에 성당 안에서 담배를 피우지 말라는 금지령을 내릴 시간은 있었다. 그의 뒤를 이은 우르바노 8세(1568~1644)가 1624년에 이 금지령을 다시 내렸다. 금연 운동의 선구자는 잉글랜드의 왕 제임스 1세(1566~1625)다. 그는 1604년에 흡연을 금하려고 〈담배에 관한 강력한 항의서〉를 발표했다. 담배에 관한 일종의 '반박' 글에서 그는 담배를 이렇게 묘사했다.

보기 흉하고 후각에 불쾌감을 주며 뇌에 해롭고 폐에 위험한 습관이다. 악취 나는 검은 연기는 심연에서 튀어나오는 스틱스의 끔찍한 연기를 닮았다.

같은 시기에 러시아에서도 담배를 가볍게 생각하지 않았다. 황제들은 흡연자를 처벌했다. 담배를 피우면 코를 잘라버렸고 그래도 다시 피우면 목을 베어버렸다. 다른 기록에 따르면 이런 벌을 내린 것은 페르시아 사람들이었고 러시아인들은 흡연자를 마구 때리고 입술을 잘라버렸다.[2] 아무튼 담배를 끊을 좋은 핑계다. 1655년 몰리에르(1622~1673)는 《동 쥐앙》에서 스가나렐에게 이런 대사를 주었다.

아리스토텔레스를 비롯한 모든 철학자가 무슨 말을 하든 간에 담배에 대적할 만한 것은 없지요. 담배는 정직한 사람들의 열정이고 담배 없는 삶은 살 가치가 없습니다.

1629년에 리슐리외 추기경(1585~1642)은 최초의 담뱃세를 도입했다. 루이 14세의 재상이었던 장-바티스트 콜베르(1619~1683)는 1681년에 국가가 담배의 판매 독점권을 갖도록 했다. 이 독점권은 1789년 프랑스혁명이 일어나면서 폐지되었다가 나폴레옹이 부활시켰다.

유럽인들은 아메리카 원주민들에게 영감을 받아 16세기 중반부터 파이프를 사용했다. 영국의 파이프 제조 장인들은 17세기 초에 제임스 1세의 금연령 때문에 네덜란드로 이주했다. 지금도 치즈로 유명한 도시 하우다는 점토 파이프의 수도가 되었다(그렇다고 파이프에 치즈를 넣어 피운 건 아니다). 1620년 파이프 산업은 네덜란드 대도시들의 노동력 50퍼센트를 고용했다. 흡연 클럽이 생겨났고 담배를 피우는 것은 매우 멋있는 행위가 되었다. 그러자 흡연은 상류층에서 확산되었다. 그러면서 다양한 종류의 코담배가 판매되었다. 아직도 코담배 세계대회가 열린다는 걸 알고 있나? 인터넷에서 영상을 찾아보시라. 멋지게 생긴 사람들이 콧구멍을 만지작거리며 담배를 코에 쑤셔 넣는 모습을 볼 수 있다. 참으로 볼만한 구경거리다.

18세기 말에 시가가 코담배를 밀어냈다. 지금의 담배가 인기를 얻은 것은 19세기에 와서였다. 그 기원을 설명하려는 가설은 여러 가지이다. 남아메리카에서 담배를 작게 말아놓은 파펠리토스를 피웠는데 이것이 기원이 되었다고도 하고, 크림전쟁 당시 터키군이 발명했다는 설도 있다. 터키 병사들은 종이에 담배를 말아 피웠는데 그 맛을 프랑스와 영국 연합군에게 전했다고 한다.

담배에 든 성분 중 가장 유명한 것은 니코틴이다. 니코틴은 담배가 자기방어를 위해 만든 알칼로이드이다. 초식동물들에게 "건드리면 죽는다!"라는 경고장을 날리기 위한 물질인 것이다. 니코틴에는 곤충과 진드기를 죽이는 성질도 있다. 그렇다고 담배를 재배할 때 살충제를 안 뿌리는 건 아니지만. 오히려 그 반대다. 담배에만 니코틴이 들어있는 것도 아니다. 감자, 토마토, 가지 등 가짓과 식물에도 들어있다. 심지어 콜리플라워에도 들어있다. 그러나 그 양은 훨씬 적다. 담배 한 개비를 피울 때 흡입하는 니코틴 양만큼 섭취하려면 양배추는 60킬로그램, 감자는 140킬로그램을 먹어야 한다. '이례적으로' 가지는 10킬로그램만 먹으면 된다.

아무튼 니코틴은 독성 물질이다. 《3막의 비극》에서 애거사 크리스티(1890~1976)는 세 명을 독살시키는 데 니코틴을 사용했다(한 명은 니코틴을 넣은 칵테일을 마셨고, 또 한 명은 니코틴을 넣은 포르투 와인을 마셨다. 마지막 한 명은 초콜릿과 함께 먹었다). 애거사 크리스티는 벨기에에서 일어났던 실제 범죄 사건을 소재로 이 소설을 썼던 것 같다.

1850년에 이폴리트 비자르 드 보카르네(1818~1851)는 장인의 유산을 가로채려고 처남을 독살했다. 그는 마당에서 콜키쿰, 벨라돈나풀, 독당근 등 독성이 있는 식물들을 키웠다. 하지만 정작 살인을 저지를 때는 담배를 선택했다. 니코틴이 눈에 드러나는 증상을 일으키지 않는다는 사실을 알게 된 그는 살인을 저질러도 아무도 눈치채지 못할 거라고 믿었다. 그는 담배 80킬로그램을 사고, 독성학 수업을 듣고 증류기를 구했다. 처음에는 고양이와 새를 대상으로 실험을 했다. 불쌍한 동물들은 죽어버렸다. 이제 처남을 공격할 차례였다. 저녁식사가 끝날 무렵 살인자는 치사량의 니코틴을 처남에게 먹였다. 효과는 금세 나타났다. 하지만 범죄는 완전하지 않았다. 이폴리트는 결국 유죄를 선고받고 몽스 광장에서 참수되었다. 만약 시어머니를 니코틴으로 살해하고 싶다면 결과가 나쁠 수도 있다는 사실을 알아두시라.[3]

최근 미국 배우 게리 올드먼이 〈다키스트 아워〉에서 윈스턴 처칠 역할을 맡았다. 그는 역할을 훌륭히 소화하면서 쿠바산 시가를 수없이 피워야 했다. (58일 동안 400개비!) 결국 그는 니코틴에 중독되어 병원에 입원했다.

담배 중에 나무 형태를 띤 종도 있다. 볼리비아와 아르헨티나가 원산지인 니코티아나 글라우카*Nicotiana glauca*. 이 종은 미국 남부와 하와이, 지중해 연안 지역, 오스트레일리아, 이스라엘 등에서 침입종이 되었다. '글라우카'는 담배의 음울하고 치명적인 면을 의미하는 것이 아니라 잎이 푸르다는 뜻이다. 니코틴 외에 강력한 살충제로 유명한 아나바신도 꽤 들어있다. 아나바신은 니코틴보다 훨씬 활성화되어 있다. 그래서 담배의 독성이 매우 강한 것이다. 치명적인 음독 사례도 여러 건 있었다. 2010년에 프랑스의 일흔세 살 된 노인이 이스라엘로 휴가를 떠났다가 야생 시금치처럼 생긴 풀을 뜯어 샐러드를 만들어 먹었다.[4] 그러나 시금치는 시금치가 아니었고, 노인은 구역질이 나기 시작했다. 구토를 하며 힘들어하던 그는 20일 뒤에 사망했다. 우발적인 담배 음독 사망 사건은 미국, 오스트레일리아, 남아프리카공화국에서도 발생한 바 있다. 남아프리카공화국에서는 농장주들이 담배에 중독된 타조를 모두 잃었다. 이 이야기의 교훈이 뭐냐고? 당신이 타조가 아니더라도 야생 풀로 특별한 서프라이즈 디너파티를 하지 말지어다! 끝이 안 좋을 수 있다.

건강에 미치는 영향 외에 담배 농사가 환경에 미치는 악영향은 간과되는 편이다. 해마다 전 세계에서 생산되는 담배는 5조 6,000억 개비다. 이 중 3분의 2가 담배꽁초가 되어 자연에 버려진다. 담배꽁초는 세계에서 가장 널리 퍼진 쓰레기이다. 게다가 꽁초는 재활용도 힘들다. 진정한 악이다! 꽁초는 10년 이상 지나야 분해되지만 그 과정에서 땅에 폴로늄, 아세톤, 벤조에이피

렌 같은 참으로 반가운 물질들을 침투시킨다. 담배꽁초는 해양 오염의 주범이기도 하다. 바닷새와 바다거북이 서글플 정도로 믿어지지 않는 양을 삼킨다. 게다가 담배 재배는 유기농인 경우가 드물고 공정무역의 대상도 아니다. 많은 국가에서 담배 재배는 환경 재앙을 일으킨다. 담배 재배에는 많은 양의 물과 살충제가 소요된다. 담뱃잎을 말릴 때는 땔감으로 쓸 많은 나무가 필요하다. 그런데도 재배 면적은 갈수록 늘어난다.

세계보건기구는 2018년에 담배 재배가 환경과 인간—노동자들이 살충제에 심하게 노출되어 있다—에 미치는 영향을 경고했다. 담배 재배의 90퍼센트는 개발도상국에서 이루어지는데, 이 중 몇몇 국가에서는 어린이를 고용하는 일도 벌어진다. 예를 들어 말라위와 탄자니아는 세계 10위 안에 드는 담배 생산국이고 생산한 담배의 5퍼센트 미만만 국내에서 소비하고 대부분 수출한다. 말라위에서는 어린이 8만 명이 담배 농사에 동원된다. 이 아이들은 고농도의 니코틴에 노출되어 하루에 50개비씩 담배를 피우는 사람과 같은 건강 문제를 겪고 있다.[5] 인도네시아의 아이들도 전신 피로, 구토, 근육 약화, 두통 등이 증상인 '담뱃잎 농부병'을 앓고 있다. 또 피부 접촉으로 흡수되는 니코틴도 모자라 살충제를 다량으로 흡입한다. 살충제는 눈을 따갑게 하고 호흡 문제를 일으킨다. 전문가들의 계산에 따르면 하루에 담배 20개비를 50년 동안 피우는 사람은 물 140만 리터를 마신 것과 같다. 담배를 끊어야 할 또 하나의 이유가 아닐까?

담배의 또 다른 종인 니코티아나 아테누아타*Nicotiana attenuata*는 놀랍게도 소통 능력과 행동 양식을 가지고 있다(16쪽 사진 18 참조). '야생 담배' 또는 '코요테 담배'라고 불리는 이 식물은 미국과 멕시코 북부에서 자란다. 이 담배는 애벌레에게 공격당하면 구조를 요청하고 포식자가 나타났다는 화학 신호를 보낸다. 놀랍지 않은가? 그리고 포식자가 자신을 잡아먹지 못하도록 니코틴을 만들어낸다. 하지만 언제나 성공하지는 않는다. 만둑차 섹스타*Manduca sexta*라는 나방의 애벌레는 인간 한 명을 죽일 수 있을 정도의 니코틴을 먹어도 끄떡없다(16쪽 사진 19 참조). 니코틴을 몸 밖으로 다 배출하기 때문이다. 그 덕분에 애벌레는 자신을 잡아먹는 늑대거미의 일종인 캄프토코사 파랄렐라*Camptocosa parallela*를 피하기까지 한다. 애벌레가 숨을 내쉴 때마다 니코틴이 배출되어 '입냄새 방어'를 하기 때문이다.

여기까지도 놀랍지만 다음은 더 믿기 힘들다. 니코티아나 아테누아타가 애벌레의 공격을 받으면 공기 중으로 휘발성 물질을 내뿜어 게오코리스*Geocoris*라는 노린재를 불러들인다. 그러면 노린재는 나방의 알과 애벌레를 처치한다. 휘발성 물질은 베어낸 잔디 냄새와 비슷하다. 잘린 풀에서 나는 독특한 향은 공격당한 풀이 방출한 알 수 없는 절망의 물질들과 관련이 있다. 과학자들은 2011년에 이 물질들이 매우 특징적이라는 것을 밝혀냈다. '이성질체 Z와 E'로 만들어질 수 있다는 것이다. 일반적으로 담배에서는 Z가 더 많이 나온다. 그런데 애벌레의 침에 들어있는 성분이 Z를 E로 바꿔서 노린재를 끌어들인다. 노린재는 큰 애벌레는 먹지 않는다. 그러자 니코티아나 아테누아타는 플랜 B를 실행에 옮긴다. 모용(털 모양의 작은 조직)에서 애벌레가 죽고 못 사는 단 액체를 분비하는 것이다. 식탐 많은 애벌레는 결국 그 대가를 치른다. 역시 식탐은 몹쓸 단점이야, 요 나쁜 애벌레! 빨아 먹은 액체는 애벌레의 몸을 꽃꿀처럼 달게 만들어 톡 깨물어 먹기 좋아진다. 향도 많이 나서 또 다른 포식자인 개미 포고노미르멕스 루고수스*Pogonomyrmex rugosus*도 끌어들인다. 이 개미들은 애벌레를 맛있게 냠냠 먹을 것이다. 가미카제를 방불케 하는 애벌레는 자신을 산 채로 잡아먹을 곤충을 스스로 끌어들이는 셈이다.

이처럼 애벌레와 니코티아나 아테누아타의 관계는 지극히 복잡하고 정교하다. 그리고 이게 다가 아니다. 애벌레는 니코티아나 아테누아타의 포식자이지만 나방은 가루받이 역할을 해준다. 그러니 이 둘은 친구일까? 아니면 적일까? 니코티아나 아테누아타는 딜레마에 빠졌다. 먹히고 싶지는 않지만 그렇다고 번식을 책임져 주는 곤충을 없애서도 안 된다. 이때 조절 물질이 등장한다. 바로 (E)-α-베르가모텐이라는 휘발성 물질이다. 니코티아나 아테누아타는 이 물질의 생성을 조절하는 유전자가 있다. 낮에는 잎에서 이 물질을 만들어 애벌레를 죽이는 노린재를 유인하고, 밤이 되면 나방을 불러들이기 위해 꽃에서 이 물질을 만든다. 자연은 정말 대단하지 않은가?

람바다만큼
유명한 마약

코카나무*Erythroxylum coca*는 남아메리카에 서식하는 관목이다(17쪽 사진 20 참조). 여기에서 나무의 이름을 딴 물질을 추출한다. 코카인이 나쁘다는 사실은 익히 알고 있다. 하지만 코카나무는 안데스산맥의 상징이기도 하다.

코카나무는 다양한 효과를 내는 물질들을 만들어낼 수 있다. 어떤 물질은 사람의 의식에 작용할 수 있고, 어떤 사람들은 양심의 가책 없이 그걸 섭취한다.

내 마약 경험은 꽤 제한적이다. 나는 커피를 마시는데, 이것은 완전히 합법적이다. 하지만 양이 많아지면 카페인도 중독을 일으킨다. 발자크도 카페인 중독으로 죽었다. 하루에 40잔이나 마셨으니 말 다 했지만. 그러나 커피나무에는 많은 장점(강장제, 편두통에 잘 듣는 진통제 등)도 있다. 나는 또 다른 마약 초콜릿에도 중독되어 있다. 카카오에는 카페인과 비슷한 '테오브로민'이라는 물질이 들어있다. 테오브로민의 이름은 카카오의 라틴어 이름—테오브로마*Theobroma*—에서 왔다. 그리스어로 '신들의 음식'이라는 뜻이다.

내가 코카나무를 경험한 곳은 페루와 볼리비아이다. 그곳에서 하루에 세 번 차로 마시곤 했다. 하지만 중독이 되지는 않았다. 사실 내게 코카나무 잎을 우린 차는 일반적인 에스프레소보다 각성 효과가 덜했다. 그렇다 보니 다행히 배드 트립bad trip은 하지 않았다. 오히려 차는 두통과 이 지역에서 자주 걸리는 고산병에 효과가 매우 좋다.

이 지역에서 코카나무는 먹는 것이라기보다는 하나의 관습이다. 그런 면에서 감자와 비슷하다. 시장에 가보니 잘 알려지지 않은 감자 종류가 수십 종은 있었다. 그에 비하면 우리 시장은 서글플 정도다. 코카나무도 시장에 자루로 널려 있었다. 내가 처음 코카나무 차를 맛본 곳은 페루의 쿠스코였다. 해발 3,400미터에 있는 이 도시에 도착하자 이내 피로감과 두통이 찾아왔다. 고산병은 개인차가 크다. 2,000미터부터 느끼는 사람도 있고,

4,000미터가 넘어야 느끼는 사람이 있다. 아무튼 고산병은 가볍게 대해서는 안 된다. 나도 심각하지는 않았지만 꽤 힘들어서 코카나무로 만든 사탕을 구해 먹었다. 나쁘지는 않았지만 한 봉지를 다 먹는 게 아니라면 큰 효과는 없다. 그래서 코카나무 잎을 우린 차를 마셔보기로 했다. 맛은 그다지 훌륭하지 않다. 풀을 마시는 기분이랄까. 차나무*Camellia sinensis*의 잎을 우려 마시는 것에 비할 바가 아니다. 하지만 코카나무 차를 마시고 몇 분 지나자 몸이 편안해졌다. 통증이 사라지고 전체적으로 편안했다. 두통은 아예 사라졌다.

안심하시라. 그렇다고 마약을 홍보하는 건 아니니까. 보다시피 코카나무와 코카인은 구분해야 한다. 코카나무는 나무일 뿐이고, 코카인은 이 나무에서 추출한 성분이다. 코카나무는 마약상이 아니고, 코카인은 알칼로이드이다. 큰 피해를 낳는 마약은 고농축 물질이고 탄산수소나트륨, 설탕, 활석, 카페인, 여러 의약품과 살충제, 레바미솔(수의사가 쓰는 구충제) 등 그다지 입맛을 돋우지 않는 다른 물질들과 섞여 있다. 냠냠! 식물은 나쁜 의도가 없는 식물일 뿐이고, 그 효과를 오용하는 것이 인간이다.

물론 내가 코카나무 차를 마신 첫 번째 사람은 아니다. 코카나무 잎은 안데스 지역에서 5,000년 동안 소비되었다. 앗, 아니, 8,000년 동안이다. 2010년에 고고학자들은 지금까지 알려진 연

코카나무 *Erythroxylum coca*

도보다 3,000년 더 일찍부터 페루 사람들이 코카나무 잎을 씹어 먹었다는 것을 증명했다.[6] 이 지역에서 코카나무는 문화적으로나 전통적으로 매우 높은 가치를 지녔다. 흥분제로서가 아니라 사회적이고 종교적인 역할을 한다는 것이다. 코카나무에 주술적 힘이 있다고 믿기도 했다.

코카나무는 코카나무과(약 200종이 포함되어 있다)에 속한다. 에리트록실룸 노보그라나텐세*Erythroxylum novogranatense*라는 재배종도 있다. 더 자세히 말하면, 이 두 종은 각각 재배되는 종이 2개씩 있다. 에리트록실룸 코카 var 코카*Erythroxylum coca* var *coca*, 에리트록실룸 코카 var 이파두*Erythroxylum coca* var *ipadu*, 에리트록실룸 노보그라나텐세 var 노보그라나텐세*Erythroxylum novogranatense* var *novogranatense*, 에리트록실룸 노보그라나텐세 var 트룩실렌세*Erythroxylum novogranatense* var *truxillense*.

그렇다면 코카나무에 대해 어떻게 생각해야 할까? 코카나무는 범죄, 살인, 밀매, 징역형, 중독 등 심각한 피해를 낳을 수 있는 나쁜 식물이다. 우울증, 흥분, 망상증, 코 점막의 괴사 등 코카인 복용과 관련된 여러 가지 증상은 말할 것도 없다.

내가 의사가 아니다 보니 코카인의 해악에 대해 일장연설을 하지는 않겠다. 하지만 코카인이 건강에 좋지 않고 코카인을 복용했을 때 그 결과가 비극적일 수 있다는 것은 다 알 것이다.

코카나무는 안데스산맥이 원산지로 해발 700~1,700미터에서 자란다. 주로 페루, 볼리비아, 콜롬비아에서 재배된다. 최적의 환경은 볼리비아의 수도에서 멀지 않은 융가스 지역이다. 잠시 딴 얘기를 하자면, 유명한 노래 〈람바다〉의 영감이 된 멜로디가 탄생한 곳이 바로 이곳이다. 볼리비아의 밴드 로스 크하르카스가 〈요란도 세 푸에〉라는 제목으로 작곡한 이 노래는 프랑스에서 곧장 표절되었다. 사건은 재판까지 갔고 원곡의 작곡자는 100만 유로의 손해배상을 받았다. 하지만 이건 이 책의 주제가 아니니 이쯤에서 멈추자. 코카인이라고 하면 어쩔 수 없이 돈 얘기가 나오겠지만. 코카나무는 약 40년을 사는 관목이다. 코카인을 포함해서 약 14개의 알칼로이드를 가지고 있다. 콜럼버스 이전 시대에는 두개골에 구멍을 뚫는 천두수술을 할 때—머리에 구멍을 뚫다니 생각만 해도 아프다—진통제로 이미 코카인을 사용했다.

코카나무의 근대사는 순탄치 않았다. 에스파냐에서 건너온 이민자들이 금광과 은광에서 노예를 부릴 때 코카인을 사용했다. 불쌍한 노동자들이 아무것도 먹지 못한 채 오랜 시간 일하다가 죽도록 만든 것이다. 여기에서 살아남은 사람은 많지 않을 것이다. 은광에서 일하던 노예들은 코카나무 잎에 식물을 태운 재를 섞어서 공처럼 만들어 잇몸과 볼 사이에 끼워 넣고 침으로 적셨다. 그렇게 하면 분리되기 위해 알칼리 환경이 필요한 알칼로이드(코카인)의 추출이 쉬워진다.

유럽에서 코카나무를 처음 언급한 사람은 조제프 드 쥐시외(1704~1779)이고, 1786년에 '에리트록실룸 코카'라고 명명한 사람은 프랑스의 박물학자인 장-바티스트 드 라마르크(1744~1829)이다. 코카나무의 대표적인 알칼로이드인 코카인은 1855년에 처음 추출되었다.

> 조심해요, 나의 공주님! 내가 가면 당신이 빨개지도록 입을 맞추겠어요. (…) 당신이 고분고분하지 않으면 우리 둘 중 누가 더 힘이 센지 보여주겠어요. 밥을 많이 먹지 않는 작은 여자와 몸에 코카인이 들어간 혈기왕성한 남자 중에 말이에요. 마지막으로 심각한 우울증에 빠졌을 때 나는 다시 코카인을 복용했어요. 아주 적은 양이었지만 기분이 황홀해졌지요.

이 글은 어디에서 발췌한 것일까? 영화 〈펄프 픽션〉? 할리우드 스타? 타락한 록 가수? 저주받은 시인? 이 글의 저자는 다름 아닌 지그문트 프로이트(1856~1939)이다. 이 글은 프로이트가 약혼녀에게 보낸 편지의 일부다.[7] 유명한 정신분석학자인 그는 코카인을 복용했다. 그는 기적의 약물을 발견했다고 생각하고 자기 몸에 직접 실험을 하면서 치료 효과와 마취 효과를 연구했다. 그러니까 프로이트는 이 저주받은 물질에 관심을 보인 최초의 유럽인 중 한 명이었다. 그는 친구인 의사 에른스트 폰 플라이슈(1846~1891)에게도 모르핀 대신 코카인을 복용해 보라고 권했다. 엄지손가락 수술을 받은 뒤였던 가엾은 친구는 중독자가 되었고 마흔다섯 살의 이른 나이에 숨을 거두었다.

그 무렵 코르시카에서 약사로 활동하던 앙젤로 마리아니(1838~1914)는 보르도 와인에 담갔던 코카나무 잎으로 음료를 만들었다. 이것이 코카콜라의 조상인 마리아니 와인이다. 이 음료는 큰 인기를 누렸다.

19세기 말에 코카인은 마취제로 사용되었다. 코넌 도일 경의 소설에 나오는 유명한 탐정 셜록 홈스도 코카인을 복용했다. 그러나 사람들은 결국 코카인이 진짜 마약이라는 걸 깨닫게 되었다. 1914년 미국에서는 '해리슨 마약류 세법'을 제정해 최초로 코카인의 복용 및 유통을 규제했다. 이 법은 의약용이 아닌 마약, 특히 아편과 코카인이 들어간 마약의 생산, 수입 및 복용을 범죄로 규정했다.

그런데 도대체 코카나무에서는 왜 코카인이 만들어지는 것일까? 포식자에게 공격을 당했을 때 도망갈 수 없으니 자신을 방어하고 적들이 먹는 것을 포기하도록 만들기 위해 '머리를 써야' 했다. 그래서 알칼로이드와 같이 독성이 있는 화학 물질을 만드는 것이다.

코카인이 만들어지는 메커니즘은 지금까지 많이 연구되지 않아서 가짓과(담배가 속해 있는 과) 식물들의 메커니즘보다 알려진 바가 적다. 금지된 식물이다 보니 실험실에서 재배하는 게 쉽지 않은 탓이다. 2012년에 독일의 생화학자들이 밝힌 바에 따르면 코카나무는 코카인을 만들 때 가짓과 식물들과는 다른 효소를 쓴다. 또 가짓과 식물은 뿌리에서 알칼로이드를 만들어내는 반면 코카나무는 잎에서 합성한다. 코카나무는 코카인 외에 칼슘, 철, 아연, 마그네슘, 비타민 A, 비타민 D, 비타민 E 등 다른 물질도 많이 갖고 있다. 그래서 영양학적인 면에서 매우 흥미롭지만 완전한 식품으로 봐서는 안 된다. 배고픔을 느끼지 않게 하기 때문에 균형 잡힌 음식 섭취가 불가능해지기 때문이다. 코카나무는 아직 비밀을 간직하고 있다. 서양인이 '발견'하고 열광한 이후 코카나무는 비난받고 낙인찍혀 그 성질에 관한 연구가 충분히 이루어지지 않았기 때문이다.

영국의 한 연구에 따르면 인구의 10퍼센트 이상이 코카인을 한 번도 흡입하지 않았지만 손가락에 코카인의 흔적이 있다. 우리가 모르는 사이에 코카인에 중독되었다는 말인가? 사실 코카인은 널리 퍼져있는 환경오염 물질이다. 지폐에 흔히 코카인이 묻어있다는 말은 놀랍지도 않다.

코카나무의 역사는 매우 다채롭다. 여기서 약물학, 보건, 법제화와 관련된 문제를 자세히 열거할 수도 있겠다. 코카나무 재배 문제는 지극히 복잡하다. 그로 인해 발생할 수 있는 오남용 때문에 코카나무가 손가락질을 받기도 하지만 남아메리카에 사는 수백만 명의 주민은 아직도 이 나무를 신성한 존재로 여긴다. 볼리비아와 페루에서는 서양의 패권에 맞서는 저항의 상징이기도 하다. 내가 바라는 건 당신이 이 글을 읽고 코카나무의 위험을 잊지 않으면서도 미워하는 마음을 조금은 거두는 것이다.

해적의 술이 된 식물

우리의 건강을 해치는 식물 중에는 우리에게 술을 건네는 식물들이 있다. 진짜라니까! 선택의 폭도 아주 넓다. 미라벨자두는 내가 사는 지역에서 훌륭한 식후주 재료이다. 쌀은 사케의 재료이며, 포도는 만약 존재하지 않는다면 프랑스가 프랑스가 아닌 나라가 되는 와인의 재료이다. 나는 큰 아쉬움으로 이 꼭지를 쓰고 있다. 할 말이 얼마나 많은데! 식전주나 식후주는 열매나 뿌리 등 식물의 한 부분을 발효시켜 만든다. 블랙커런트로 만든 키르, 아가베로 만든 테킬라, 감자로 만든 보드카……. 나라마다, 문화권마다 전통주가 있다.

술은 담배와 함께 가장 널리 확산한 합법적 마약이다. 여기서 나는 술의 남용이 일으킬 수 있는 피해에 대해 언급하지는 않을 것이다. 알코올 의존증은 그 결과가 비극적일 수 있는 재앙이다. 음주가 관련된 교통사고와 폭력은 말할 것도 없다. 다시 한번 말하지만, 나는 여기서 식물만 다룰 것이다. 식물은 인간이 그것을 재료로 써서 만들어낸 결과물에는 아무 책임이 없다. 고르기가 너무 힘드니 우선 햇빛이 필요한 식물과 함께하는 여행에 당신을 초대하기로 했다.

이 꼭지의 주인공 식물에 대해 말하기 전에 인간과 술의 관계에 대해서 몇 마디 보태지 않을 수 없다. 그 관계는 역사가 매우 오래되었다. 우리는 글을 쓸 줄 알기도 전에 술을 마시기 시작했다. 수천 년 전부터 술은 사회 관계를 맺는 데 중요한 역할을 했다. 그런 술을 만들 수 있었던 건 식물들 덕택이었다. 중국에서는 9,000년 전에 쌀과 과일, 꿀을 넣어 발효시킨 술을 마셨다는 연구 결과도 있다.[8] 캅카스 지역(조지아와 이란)에서는 7,400년 전에 이미 와인을 마시기 시작했다. 조지아는 세계에서 가장 오래된 와인 농장을 보유한 것으로 유명하다. (프랑스보다 앞섰다니까!) 인간이 농경을 시작한 것은 식량을 구하려는 것이 아니라(자연 속에 얼마든지 있으니까) 술을 제조하려는 것이었다고 주장하는 사람들도 있다. 2018년에 고고학자들[9]은 이스라엘에서 1만 3,000년이나 된, 인류 역사상 가장 오래된 맥주를 발견했다. 그렇다. 맥주는 소파에 벌러덩 자빠져 목을 축이려는 축구 광팬들이 발명한 술이 아니다. 하이파 유적지에서 발견된 나투프 문화는 이미 양조기술을 잘 알고 있었던 듯하다. 두 개의 돌절구에는 맥아가 들어있었고 세 번째 돌절구에 있는 맥아는 발효된 상태였다. 그 당시 맥주는 영적인 역할을 했으니 요즘 스포츠 팬들과는 거리가 멀다.

술을 마시는 건 인간이 처음도 아니고 유일하지도 않다. 술에 취한 동물들이 이미 관찰된 바 있기 때문이다. 그렇다고 반려견이나 반려묘를 실험해 볼 생각은 하지 마시길. 술은 반려동물에게 매우 나쁘다. 야생에서는 동물이 발효된 열매를 먹는 일이 벌어지기도 한다. 스웨덴에서 말코손바닥사슴들이 발효된 사과를 먹고 얼근히 취한 모습으로 포착된 적이 있다. 사슴들이 공격성을 보이자(인간도 그런 것처럼) 결국 경찰이 출동하기까지 했다. 2011년에는 영국의 한 초등학교에서 티티새 무리가 죽은 채 발견되었다. 발효된 열매를 먹고 취한 상태였다. 술을 먹으면 운전대를 잡을지 말지 선택해야 하는데 티티새는 공중에서 치명적인 충돌사고의 희생양이 되었다. 말레이시아에서는 몸집 작은 붓꼬리나무두더지*Ptilocercus lowii*가 알코올에 강하다는 사실이 밝혀졌다. 이 동물은 야자수 술(알코올 함량이 3.5퍼센트여서 맥주와 비

슷하다)을 어느 정도까지는 마실 수 있다. 알코올 대사 능력이 무척 뛰어나서 잘 취하지 않는다.[10]

식물로 만든 모든 술을 내가 다 알 수는 없으니 여기에서는 한 가지 식물에만 집중하고자 한다. 이 식물은 선원들과 해적들에게 오랫동안 사랑받은 술을 만드는 재료이다. 이 술은 '바바'라는 케이크를 만드는 데 쓰이기도 하고 바나나로 플랑베를 만들어 먹을 때도 들어간다. 감기에 걸렸을 때 그로그를 해 먹기도 한다. 이쯤 되면 무슨 술인지 눈치챘겠지? 맞다. 바로 럼이다. 럼은 사탕수수로 만든다. 노예제도와 관련이 있는 럼은 비극적인 역사를 품고 있으니, 가히 어두운 과거를 가진 술이라 할 수 있겠다.

사탕수수는 볏과(화본과로도 알려져 있다) 개사탕수수속에 속하는 풀이다. 많은 종이 있는데 그중 인간이 재배하는 주요 종은 4종이다. 가장 많이 알려진 것은 사카룸 오피키나룸*Saccharum officinarum*이다. 뉴기니가 원산지인 이 사탕수수는 8,000년 전에 재배되기 시작했다. 이후 중국과 인도로 퍼져나갔고 기원전 500년에 지중해에 이르렀다. 그리고 15세기에 에스파냐인들과 포르투갈인들에 의해 아프리카에 유입되었다. 아메리카 대륙에서 기념품을 한가득 챙겨 왔던 크리스토퍼 콜럼버스도 그중 한 명이다. 그는 1493년에 앤틸리스 제도에 두 번째 갔을 때 사탕수수를 가져갔다. 담배 농사가 실패로 돌아갔을 때 사탕수수가 나타나 자리를 잡았다. 레위니옹에서는 1815년부터 사탕수수를 재배해서 설탕을 제조했다. 사탕수수가 차지하는 면적은 경작지의 절반 이상이고 사탕수수 농사가 레위니옹의 주요 경제활동 중 하나이다. 브라질과 인도를 위시하여 현재 80개국 이상이 사탕수수를 재배한다. 생산성 향상과 병충해에 대한 저항력을 개선하기 위해 교배를 많이 해서 잡종이 많다.

사탕수수로는 설탕을 만들지만 우리는 설탕으로 만든 케이크보다는 술에 대해 다루겠다.

럼은 16세기에 출현했다. 16세기부터 포르투갈과 에스파냐가 사탕수수 농장을 늘렸고 17세기에는 프랑스와 영국이 바통을 이어받았다. 마데이라 제도에 가봤다면 섬을 수놓은 수로 '레바다'를 따라 기분 좋은 산책을 해봤을 것이다. 이 수로가 바로 사탕수수 농장에 물을 대던 길이다.

프랑스의 선교자이자 식물학자, 탐험가였던 장-바티스트 라바(1663~1738)는 럼의 제조과정과 소비를 최초로 기술했다. 《아메리카 제도로의 새로운 여행》(1722)이라는 책에서 그는 이렇게 썼다.

설탕의 거품과 시럽으로 만든 증류주는 자주 음용되는 음료 중

사탕수수 *Saccharum officinarum*

하나이다. 이 증류주를 '길디브guildive'나 '타피아tafia'라고 부른다. 야만인, 검둥이, 주민들과 장인들은 다른 것을 찾지 않고, 이들의 폭음은 말할 수 없을 정도이다. 이들에게는 술이 강하고 독하며 싸기만 하면 된다. 이들에게 중요한 것은 거칠고 불쾌한 술이다. 영국인들도 이 술을 많이 마시는데 에스파냐인들 못지않게 상스럽다. 그들은 두세 종류의 술을 만들었는데 늘 이웃 나라들의 나쁜 습관을 열심히 따라 하는 프랑스 사람들도 이 술을 마시고 폭음까지 한다.

아, 나쁜 것만 보고 따라 하는 프랑스 사람들! 보다시피 럼은 서민들의 술이었다. 해적, 노예, 사냥꾼, 거친 시골 농부들에게 좋은 술이었다. 럼은 삼각무역에 사용되던 교환 화폐가 되기도 했다. 아프리카에서 럼을 주고 노예를 사들인 것이다. 노예들은 카리브해의 사탕수수 밭에서 일해야 했다. 당시 모든 길은 불행히도 럼으로 통했다.

재미있는 이야기를 잠깐 하자면, 럼은 프랑스에서 '길디브'라고 불렸는데 이 말은 영어 '킬-데빌kill-devil'에서 왔다. 16세기에 영국인들은 럼을 '악마 죽이기'라고 불렀다. 그만큼 악명이 높았다.

18세기 말 파리 카페에서는 앤틸리스 제도에서 불법으로 들어온 럼을 팔기 시작했다. 1850년 이후 럼의 소비는 더욱더 증가했다. 프랑스 국내에서 사탕무 재배가 발달하면서 사탕수수는 럼을 제조하는 데 사용된 것도 원인 중 하나이다.[11]

프랑스어로 '럼rhum'이라는 말은 사탕수수의 라틴어명인 사카룸의 '룸rum'에서 왔다. 또 다른 가설은 '우르릉거리다'라는 영어 동사 '럼블rumble'에서 온 '럼벨리온rumbellion'에서 파생되었다는 것이다. 그렇다면 실존주의적 문제가 제기된다. 'r'과 'u' 중간에 있는 'h'는 어디에서 온 것일까? 답을 아는 사람은 연락 주시길!

아무튼 럼은 해적과 선원들이 가장 좋아하는 술이었다. 하지만 취하려고 마신 것만은 아니다. 먼 바닷길에 물이 얼마나 빨리 썩었을지 상상해 보라. 그때는 병에 든 생수도, 물을 정화할 알약도 없었다. 술은 마셔도 병에 걸릴 염려가 적었다. (요즘 '물갈이'라고 부르는 것이 당시에는 치명적일 수도 있었다.) 영국 왕립해군은 1731년에 모든 부대에 럼을 보급하는 제도를 만들었고 이 제도는 1970년 7월 31일에야 폐지되었다. 이 역사적인 날을 '블랙 토트 데이Black tot day'라고 불렀다. 가장 좋아하는 술의 보급을 끊다니 얼마나 비극이었을까!

그런데 럼은 어떻게 만들어질까? 럼의 제조과정을 간단히 살펴보자.

먼저 사탕수수를 으깨는 장치를 써서 즙을 짜낸다. 남은 찌꺼기(섬유질)는 가마를 데우는 연료로 쓴다. 버리는 것은 아무것도 없다. 즙은 발효통에 붓는다. 여기에 효모를 넣으면 효모가 당을 먹으며 알코올을 만들어낸다. 이렇게 만들어진 알코올 도수가 낮은 액체는 증류한다. 그러면 70도 정도 되는 술이 만들어진다. 이것이 화이트 럼이고, 통에 넣어 숙성시킬 수도 있다. 물과 섞어서 도수를 40~60도로 낮추기도 한다.

사탕수수를 넣어 만들고 칵테일 카이피리냐의 재료인 브라질의 증류주 카샤사를 만들고 싶다면 사탕수수 즙을 끓이지 않고 그대로 넣는다는 것을 기억하라. 사탕수수 즙에 볶은 곡물을 첨가하기도 한다. 증류도 럼보다 강도를 세게 하지 않는다. 40도에서 멈추고 완성된 술은 즉시 병에 담는다.

그로그의 역사도 흥미롭다. 사람들의 생각과는 달리 그로그는 불 옆에서 몸을 덥히려는 할머니가 만들어낸 발명품이 아니다. 그로그를 만든 사람은 에드워드 버논(1684~1757)이라는 영국의 제독이었다. 그는 1749년에 선원들이 럼을 너무 자주 마시는 것을 보고 물을 넣어 술을 희석했다. 버논의 별명이 '그로그냄grognam' 혹은 '올드 그로그old grog'였는데, 굵은 능직 모직물로 만든 낡은 옷을 입어서 생겼던 별명이 그대로 술의 이름이 되었다. 이후 레몬즙이 추가되어 항해하는 동안 비타민 C가 부족했던 선원들의 괴혈병을 예방하는 데 쓰였다.

이쯤에서 럼 얘기는 그만해야겠다. 모히토를 비롯한 펀치를 좋아하는 사람들은 럼을 다룬 전문서적을 찾아보기를! 물론 지나친 음주는 피하시라!

결론을 대신해서 프랑스의 시인 자크 프레베르(1900~1977)의 시구를 소개한다.

> 그리고 신은
> 사탕수수로 아담을 쫓아냈으니
> 그것이 지구상 최초의 럼이었다.

알타이 공주를 치료한 금지 식물

식물이 언론의 조명을 받는 일이 많아졌다. 그렇다면 신문 1면을 자주 장식하는 식물에 대해 알아보자. 이것은 세계에서 가장 많이 소비되는 마약이다. 그래서 열띤 논쟁이 일어난다. 이것을 합법화해야 할까? 이것은 위험할까? 이 식물은 세상을 떠들썩하게 하지만 새로운 식물은 아니다. 그것은 바로 삼이다. 안데스 산맥의 코카나무처럼 삼은 오래전부터 알려진 식물이다.

삼은 오랫동안 세계에서 가장 많이 재배되는 식물이었다. 라틴어명은 칸나비스 사티바*Cannabis sativa*이다(18쪽 사진 22 참조). 과거에는 재배종인 칸나비스 사티바를 향정신성 식물인 인도대마, 칸나비스 인디카*Cannabis indica*와 구별했다. 그러나 이 둘은 사실 동일한 종이다. 인도대마는 아종이라서 지금은 칸나비스 사티바 subsp. 인디카*Cannabis sativa* subsp. *indica*라고 부른다. 삼의 종류는 매우 많은데, 향정신성 성분인 테트라하이드로칸나비놀THC의 함량이 모두 다르다. 씨앗과 섬유를 얻으려고 재배하는 변종은 합법적이고 THC 함량은 3퍼센트이다. 의료적 목적이나 기분전환용으로 사용되는 대마의 THC 함량은 최소 3퍼센트이며 경우에 따라 30퍼센트까지 치솟는다.

그러니까 삼은 대마와 똑같은 것이다. '삼'은 섬유 제조에 쓰이는 식물을 가리킬 때 쓰는 용어이고, '대마'는 향정신성 마약 제조에 쓰이는 식물을 가리킬 때 사용할 뿐이다.

어찌 됐든 삼은 돼지와 비슷하다. 버릴 데가 하나도 없다. 용도가 매우 다양한데, 중세에는 밧줄, 의복, 돛을 만드는 데 썼다. 샤를마뉴도 삼 재배를 권장했다. 지금도 삼의 섬유질은 의복을 만들 천 제작에 쓰인다. 또 펄프나 건축용 보온재에 사용된다. 씨앗은 화장품, 페인트, 식용유, 음료 제조 등에 쓰인다. 줄기의 심은 가축의 보금자리에 깔아주거나 바닥을 덮어주는 용도로 쓴다.

중국에서는 기원전 8000년에 사용된 삼의 흔적이 발견되었다. 삼은 인간이 재배한 첫 식물 중 하나다. 정확한 기원은 알려

삼 *Cannabis sativa*

지지 않았지만 중국, 중앙아시아의 초원지대, 시베리아의 바이칼호 인근에서 유래되었다고 본다. 약 1만 년 전 일본과 유럽에 전파되었을 것이다. 석기시대 말에서 청동기시대 초기에 삼이 널리 사용되었다. 중국에서는 이미 삼을 약재로 썼고 아마 상징적인 의미도 큰 식물이었을 것이다. 2008년, 세계에서 가장 오래된 대마초가 중국에서 발견되었다. 고고학자들이 2,700년이나 된 무덤에서 발견했는데, 마흔다섯 살쯤 된 샤먼의 묘였다.[12] 2016년에도 중국 고고학자들이 놀라운 발견을 했다. 중국 북동부에 있는 투르판에서 2,500년 된 유골을 파냈는데 이 유골이 삼베로 만든 수의에 싸여 있었던 것이다.[13] 짐 모리슨과 밥 말리가 얼마나 부러워했을까! 1993년에는 2,500년 된 시베리아 공주의 유골이 발견되었다. '알타이 공주' 또는 '얼음 처녀'라는 별명이 붙은 이 미라의 무덤에도 삼이 있었다. 여인은 유방암이나 추락으로 인해 사망한 것으로 보이는데 아마도 삼을 의료용으로 사용한 것 같다.[14]

칸나비스 사티바는 암살자들의 식물로도 유명했다. 이는 전설일까, 아니면 진실일까? 그런 가설이 아예 불가능하지는 않지만 현실적이지는 않다. 대마초를 가리키는 '하시시'와 시리아와 페르시아에서 활동하던 이스마일파 일원을 가리키던 '하시신 Hashishin'의 발음이 비슷한 건 사실이다. 하시신들은 산속에 살면서 자신들이 믿던 종교의 적이라고 여긴 사람들을 암살했다. 암살자들이 '산의 노인'이라 불리던 사람이 준 하시시에 취했다는 전설이 있는데, 이 소문을 퍼뜨린 사람은 다름아닌 마르코 폴로(1254~1324)였다. 암살자들은 하시시에 취해 요새를 나와 자살 특공대가 되어 공격을 감행했다고 전해진다. 재간꾼 마르코! 참 멋진 이야기를 지어냈다. 그러나 정신이 온전치 못한 사람들이 범죄를 저지르러 갔다는 이야기는 믿기 어렵다.

이러한 믿음은 단어의 기원에 혼동이 있었기 때문이기도 하다. 《프랑스어 보전》[15]은 '암살자assassin'라는 말의 기원이 이탈리아어 '아사시노assassino'이며, '아사시노'는 십자군전쟁 시대에 기독교 지도자들을 암살했던 광신도들을 가리키는 아랍어 '하시시인hashishiyyin'에서 차용한 것이라고 설명한다. 대마초와 연결된 것이 바로 이 때문이다. 그런데 지금은 '암살자'라는 단어의 기원에 관한 가설이 여럿 등장했다. '죽이다'라는 뜻의 '하사hassa' 또는 '요새'라는 뜻의 '아시사assissa'에서 유래했다는 설이다. 이처럼 어원을 설명할 단서는 여럿 있지만 대마초와 직접적인 연관성이 없을 가능성이 높다. 대마초를 피우는 사람이 반드시 암살자는 아니니까!

대마를 의료용으로 사용한 것은 어제오늘의 일이 아니다. 서양에서는 19세기에 의사들이 대마에 관심을 가졌다. 모르핀이 등장하기 전의 이야기지만. 이후 대마초의 효능을 연구한 과학자들이 있었고 동물실험도 이어졌다(절대 따라 하면 안 된다. 동물에게 대마초는 쥐약이다).[16] 거미가 대마초를 피우는 걸 본 적이 있는가? 1948년에 독일의 한 동물학자가 거미에게 여러 종류의 마약을 실험한 적이 있다. 대마초뿐 아니라 LSD와 카페인 등을 실험했더니 빠르게 취한 거미가 이상한 모양으로 거미집을 만들었다.

대마초가 인류사의 한 부분을 장식했다는 사실에는 의심의 여지가 없다. 그리고 그 역사는 아직 끝나지 않았다. 이 문제에 관하여 누구나 개인적인 의견과 정치적인 견해를 가질 수 있다. 합법화에 관한 찬반 의견도 마찬가지이다. 의료용으로 사용하는 것은 또 다른 문제이지만.

대마에는 두 계열의 물질이 들어있다. 바로 칸나비노이드와 테르펜이다. 이들은 침엽수 등 많은 식물이 만들어내는 방향성 화합물이다. 이 물질들 때문에 어떤 식물에서는 독특한 향기가 나고, 염증과 암을 막는 효과가 나타나는 것이다. 대마에는 감귤류의 껍질이나 향나무에 있는 리모넨도 들어있다. 칸나비스 사티바에는 60여 개의 칸나비노이드가 들어있는데, 정신을 이상하게 만드는 THC와 정신에 영향을 미치지는 않지만 의료용으로 흥미로운 성분인 칸나비디올이 그 예이다. 칸나비디올은 긴

장 완화와 진통 효과가 있는 것으로 알려져 있으며 우울증이나 다발성 경화증과 같은 질병에 효과가 있다고 알려졌다.

그러나 복용에 위험이 따르지 않는 것은 아니다. 청소년기에 대마초를 피우면 15년 뒤에 치매에 걸릴 위험이 올라간다는 연구 결과가 있다.[17] 로렌대학교[18]도 2012~2015년에 대마초가 기억력에 미치는 영향을 연구했는데, 대마초 흡연자의 기억력이 더 떨어지는 것으로 나타났다. 대마초가 학습 및 동기부여와 관련된 뇌 부분의 수용체에 작용하기 때문이다. 또 청소년기에는 뇌 구조가 빠른 속도로 변하기 때문에 그만큼 영향도 쉽게 받을 수 있다. 2019년 2월에 발표된 캐나다의 한 연구[19]는 젊은 성인이 겪는 우울증의 70퍼센트가 대마초 흡연과 관련이 있다는 결론을 얻었다. 오히려 그렇기 때문에 대마초를 합법화해서 소비를 제어해야 한다고 주장하는 사람들도 있다.

미국에서는 많은 주가 의료용 대마초를 허용한다. 대학 정보 사이트 '더 컨버세이션The conversation'에서 이 문제를 다룬 두 명의 미국 연구자들이 쓴 글(2016년)[20]을 읽은 적이 있다. 두 사람은 정치적 견해를 밝힌 것이 아니라 과학적 사실만 다루고 있다. THC를 제외하면 대마에는 효능을 알 수 없는 성분이 많이 들어있다. 만성 통증 같은 질병들은 뇌 병변으로 일어나고 대마초를 흡입하면 나아진다. 그러나 이러한 연구는 환자의 주관적인 의견을 기반으로 한다. 통제된 상황에서 이뤄지는 임상실험 결과는 대마초의 효능을 확정하기에는 아직 부족하다. 생쥐에 관한 실험 연구[21]는 THC의 함량이 낮은 약품과 아스피린 계열의 약품을 함께 처방할 때 말초신경과 관련된 통증이 더 잘 완화된다는 사실을 밝혔다. 복합 처방은 각 성분의 함량이 적기 때문에 그만큼 부작용도 줄여준다. 하지만 인간은 생쥐가 아니고, 복합 처방은 인간에게 실험된 적이 한 번도 없다. 게다가 코카나무와 마찬가지로 과학자들은 연구를 진행하는 데 어려움에 봉착해 있다. 거쳐야 할 절차가 워낙 복잡해서 아예 처음부터 포기하는 것이다. 효능이 아직 입증되지 않았고 중독을 일으키기 때문에 일부 정치인은 대마초를 합법화하는 데 여전히 신중하다. 그럼에도 불구하고 연구는 계속되고 있고 아픈 환자를 도울 해결책을 찾고 있다. 인간(어린이와 청소년)을 대상으로 한 실험 결과가 2017년에 공개되었는데, 칸나비디올이 간질 발작을 39퍼센트나 줄였다.[22] 대마가 기적의 약은 아니더라도 다양한 질병을 치료할 수 있는 잠재성이 있는 것은 사실이다.

유럽의회는 2019년 2월 13일에 치료용 대마를 옹호하기 위한 결의안을 채택했다. 의료용 대마는 정신질환뿐 아니라 각종 암, 알츠하이머의 증상을 완화할 수 있고 비만의 위험을 줄일 수 있으며 생리통도 완화하는 것으로 알려졌다. 우리가 바랄 수 있는 것은 연구에 진전이 있는 것뿐이다. 대마가 건강에 좋은 영향을 줄 수 있다는 사실은 부정할 수 없기 때문이다. 알타이 공주가 장담해 주지 않을까?

6

치명적 악명

어떤 식물은 독성이 매우 강하고, 때로는 치명적인 성분을 만들어낸다. 독당근, 벨라돈나, 사리풀 등 위험한 식물 목록은 꽤 길다. 그러나 독성 성분은 적은 양으로 쓰면 오히려 약이 될 수 있다.

주목의 이중생활

장식적이고 공격적이며 결점투성이인 나무. 이것이 주목을 지칭할 수 있는 표현들이다. 동의하지 않는가?

아마 묘지 주위에 얌전히 늘어선 주목을 본 적이 있을 것이다. 영원히 잠든 자들에게 그늘을 드리워주며 사색에 잠긴 듯한 주목. 하지만 그런 주목이 공격적일 수도 있다는 사실을 아는가? 과거에는 활을 만들 때 주목을 사용했다. 주목은 부정적인 효능, 심하게는 치명적인 효능을 가질 수도 있다. 하지만 주목은 무엇보다도 항암 성분을 가진 치유하는 나무이다.

주목은 매력적이기도 하다. 프랑스 우아즈 지방의 제르브루아 주목은 숨이 멎을 정도로 아름답다. 300년 이상 된 이 나무는 동굴 형상을 하고 있으며 2017년에 올해의 나무로 선정되었다(15쪽 사진 16 참조).

따라서 주목은 이중생활을 하는 나무다. 한편으로는 살인을 저지르며 다른 한편으로는 사람을 치료해서 살린다. 이 열정적이다 못해 극단적인 나무를 살펴보자.

주목은 구과식물이다. 주목과 주목속에 속한다. 그러나 완전한 구과식물이라고는 할 수 없다. 진을 만들지 않는 몇 안 되는 구과식물이기 때문이다. 게다가 주목은 독창적인 나무이다. 구과가 맺히지 않기 때문이다. 주목의 붉은 '과실'은 과실이 아니다. 다른 구과식물과 마찬가지로 꽃도 과실도 맺지 않기 때문이다.[1]

주목속에는 유럽, 북아메리카, 아시아에 분포한 9종이 포함된다. (전문가들에 따르면 최대 70종!) 가장 잘 알려진 종은 서양주목*Taxus baccata*이다(15쪽 사진 17 참조). 미국 플로리다에는 심각한 멸종위기종인 탁수스 플로리다나*Taxus floridana*라는 고유종이 있다. 멕시코 사람들은 멕시코 남쪽에 서식하는 탁수스 글로보사*Taxus globosa*를 감상한다. 탁수스 발리키아나*Taxus wallichiana*는 히말라야 주목이고, 탁수스 쿠스피다타*Taxus cuspidata*는 일본과 한국이 원산지이다.

이름만 봐도 주목에 관해 많은 것을 알 수 있다. '탁수스'는 인도유럽어의 어근 '텍스*tecs*'에서 파생되었는데, '독'과 '활'을

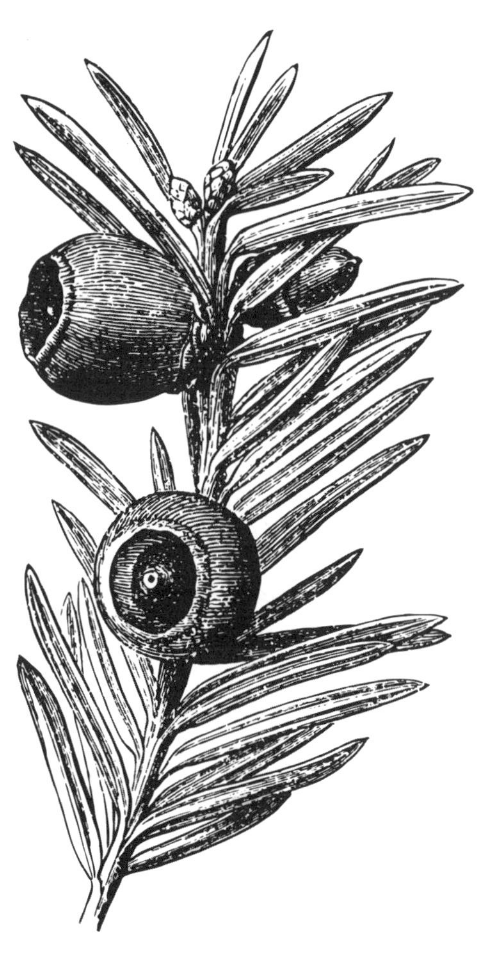

서양주목 *Taxus baccata*

동시에 뜻한다. 사실 '텍스'는 '능숙하게 일하다'라는 뜻이고, 여기에서 나무의 탄성을 이용한 활의 그리스어 이름이 파생되었다. 또 '텍스'를 식물의 독성을 뜻하는 그리스어 '톡손toxon'과 연결해서 생각할 수도 있다. 독성 있는 식물은 독화살을 만드는 데 쓰였다. 단어의 기원에는 이의의 여지가 있지만 그게 뭐가 중한가! 오래전부터 사람을 죽이기 위해 사용된 나무가 있다는 것이 중하지!

《해리 포터》 시리즈에 등장하는 무서운 볼드모트의 마법 지팡이도 주목으로 만든 것이다. 생명과 죽음을 동시에 상징하는 주목을 두고 펼쳐진 상상의 결실이다. 거대한 주목은 볼드모트가 부활할 때 배경이 되었던 묘지에도 등장한다. 프랑스의 공원에서 흔히 볼 수 있는 주목은 오히려 야생에서는 발견하기 힘들다. 아름다운 주목 숲을 더는 볼 수 없다. 서양주목은 워낙 많이 벌채되어서 국제자연보전연맹의 적색 목록에 '최소 관심' 대상으로 등록되었다.[2]

주목은 1,000년 이상 살 수 있다. 그래서 부활과 영원을 상징하기 위해 묘지에 많이 심는 모양이다. 게다가 잎이 늘 푸르러서 영원한 삶을 상징한다. 그런데 주목에게 간호사가 필요하다는 사실을 아는가?

에스파냐의 과학자[3]들은 야생에서 자라는 서양주목에 관심을 가졌다. 그들은 주목이 다른 식물들과 좋은 관계, 즉 상호 부조 관계를 맺는다는 사실에 주목했다. 특히 세찬 바람과 비로부터 어린나무를 보호해 주는 나무가 그런 예이다. 이처럼 다른 식물을 도와주는 나무를 '보호수nurse tree'라고 부른다. 우리의 에스파냐 과학자들은 그라나다에서 그리 멀지 않은 시에라네바다산맥에서 주목을 연구하고 어떤 주목들은 야생 아이벡스, 염소, 양 등 포식자에게 먹힐 수 있다는 사실을 깨달았다. 주목은 독성이 강해서 말도 죽일 수 있다는 사실을 안다면 더 놀랄 것이다. 하지만 포식자들이 있어도 주목은 특히 이 지역에서 다시 잘 자란다. 들장미, 산사나무, 매자나무 등 따가운 보호수들에 둘러싸여 있기 때문이다. 이 보호수들은 포식동물의 공격을 막아낼 뿐만 아니라 그늘과 습기, 영양분까지 제공하는 진정한 보디가드의 역할을 한다. 주목은 발이나 뻗고 잠이나 자면 그만이다.

다시 주목의 독성으로 돌아오자. 주목은 모든 부분에 독성이 있는데 씨앗을 싸고 있는 부분만 예외다. 독성의 원인은 택신 알칼로이드이다. 이 물질은 심장 근육의 세포에서 나트륨과 칼슘의 교환이 일어나지 못하게 막는다. 독성 성분이 몸에 들어가면 1~2시간 뒤에 구토, 설사, 현기증, 환각, 경련, 복통 증상이 바로 나타난다. 중독이 심하면 심각한 심장 질환, 극심한 혈압 저하, 심정지로 인한 돌연사가 일어난다. 이해했겠지만, 주목을 샐러드로 만들어 먹으면 큰일 난다. 어린 자녀가 있다면 크리스마스트리로도 피해야 한다. 아이들이 예쁜 '열매'를 사탕으로 착각할 수도 있으니 말이다.

주목의 주된 희생자는 말, 소, 당나귀, 토끼, 돼지, 양 등 가축과 개나 고양이 같은 반려동물이다. 우리의 동물 친구들은 주목을 마주치면 백이면 백 다 먹으려 한다. 사망에 이르게 하는 분량은 동물에 따라 다른데, 말은 200그램, 토끼는 20그램만 먹으면 죽는다. 이런 사고가 드물지 않게 발생한다.

아무튼 주목은 살인을 저지르기에 효과적인 식물이다. 중독이나 주목을 이용한 자살도 심심치 않게 일어난다. 애거사 크리스티는《주머니 속의 죽음》에서 살인 무기로 택신을 골랐다. 택신을 오렌지 마멀레이드에 섞어놓은 것이다.

> 그는 고통에 몸부림쳤다. 끔찍한 경련 때문에 그의 몸 전체가 떨렸다.

얼마나 영국적인 살인인가! 셰익스피어(1564~1616)의 희곡《햄릿》에서 주인공의 아버지도 주목으로 독살당했다.

그런데 죽음의 사신 같은 주목도 알고 보면 기적의 식물이다. 여기서 특히 관심이 가는 종은 미국과 캐나다의 북서부, 브리

티시컬럼비아주의 해안 산맥에 서식하는 탁수스 브레비폴리아 *Taxus brevifolia*이다. 이 종은 퍼스트 네이션(캐나다 원주민)에게 이미 알려져 있었다. 원주민들은 잎을 우려낸 차를 마시면 폐 질환에 좋다고 믿었다. 상처를 치료하기 위해 잎으로 찜질을 하기도 했다. 가지를 우려 마시면 위 질환을 완화시켰다. 그래도 적은 양을 마셨을 것이다. 그렇지 않았다면 그 결과는 뻔하다. 딱딱한 목재로는 노를 만들었다. 주목은 매우 천천히 성장하는 나무이다. 그러니 방어 물질을 만들어낼 시간도 충분하다. 성장이 더딘 나무는 2차 대사 산물을 만들 시간이 더 많고, 이것이 독성을 띠는 이유다.

탁수스 브레비폴리아는 의학 분야에서 20세기 최고의 발견 중 하나이다. 모든 것은 1962년 8월의 어느 더운 여름날 워싱턴주의 한 숲에서 시작되었다. 하버드대학교의 식물학 교수였던 아서 바클리(1932~2003)는 대학의 농업연구소에서 일하고 있었고 연구에 필요한 식물을 채집 중이었다. 그는 학생 세 명과 함께 그때까지 잘 알려지지 않았던 탁수스 브레비폴리아의 줄기와 껍질을 채취했다. 나무는 서부 해안의 거대한 침엽수들의 그늘 밑에서 자라고 있었다. 높이는 중간 정도였고 웅장한 풍경을 자랑하는 이 지역의 깊은 골짜기에 서식했다. 독성 때문에 포식자가 별로 없었다. 표본을 연구소에서 분석했더니 세포에 유독한 성질이 발견되었다. 암세포를 죽일 잠재성이 있는 흥미로운 성질이었다. 추출물은 결핵에 걸린 생쥐에 효과를 보였다. 이는 잠재성 높은 발견이었지만 간단한 건 없었다. 여러 복합 성분 중에 활성 성분을 분리해야 했기 때문이다. 그런데 이 성분은 물에 잘 녹지 않으며 매우 불안정했다. 결국 분리에 성공하기까지 4년이라는 긴 세월이 필요했다. 1966년 먼로 E. 월(1916~2002)과 만수크 C. 와니(1925~) 연구팀은 나무껍질에서 0.02퍼센트의 순수한 활성 성분을 분리했다. 1969년에는 이 성분의 구조를 규명했으며 이 유효 성분을 '택솔'이라고 불렀다. 연구 결과는 1971년에 발표되었다.[4] 택솔에 항암 성질이 있다는 것을 이해한 것은 1980년대의 일이다. 택솔은 세포골격[5]의 미세소관[6]에 고정된다. 그렇게 해서 암세포의 분열을 막는 것이다. 그러나 건강한 세포의 분열도 막기 때문에 부작용이 있다.

연구는 유방암과 난소암 치료에 도움이 될 흥미로운 결과를 낳았다. 여기서 옥에 티 하나! 택솔 1리터를 만들려면 주목의 껍질이 10톤이나 필요하다는 사실! 그 양은 나무 3,000그루에 해당한다. 그렇게 나무를 베어낸다면 주목은 몇 년 안에 멸족할 것이다. 아메리카 대륙의 주목 숲을 모조리 없앨 게 아니라면 많은 암 환자를 치료할 약을 만들 양은 얻지 못한다. 그래서 택솔을 합성하기 위한 연구가 다시 시작되었다. 프랑스에서는 국립과학연구소CNRS의 자연성분화학연구소의 피에르 포티에가 이끄는 연구팀이 연구소 소유의 공원에서 주목을 베어내 연구했다.[7] 택솔은 껍질에 주로 있는데 과학자들은 (바늘 모양의) 잎에서 더 단순한 물질을 찾아냈다. 여기에 합성 물질을 첨가하면 택솔을 만들어낼 수 있다. 대단한 발견! 잎은 다시 자랄 테니 나무를 완전히 베어버릴 필요가 없어졌다. 이는 훌륭한 해결책이었지만 안타깝게도 모든 문제를 해결하지는 못했다. 택솔의 수요가 폭발적으로 증가했지만 합성 택솔 제조에는 예상보다 시간과 비용이 더 많이 들기 때문이다. 그러다 보니 주목을 계속 베어낼 수밖에 없었다. 그때 '멸종위기에 처한 야생동식물의 국제거래에 관한 협약CITES'이 체결되면서 주목의 거래도 제한할 수 있었다. 그러나 이미 히말라야 주목의 90퍼센트와 중국 윈난성의 주목 80퍼센트가 사라진 뒤였다. 퀘벡에서는 어린나무 중 일부만 베어내고 나무가 재생되도록 하는 등 주목을 활용할 방법을 모색하고 있다. 새로운 길이 열린 것은 2010년이었다. 유명한 매사추세츠공과대학교의 연구자들이 유전자조작 박테리아를 이용해서 택솔의 전구체를 대량으로 생산할 새로운 방법을 찾아냈다.[8]

그와 더불어 '플랜트 어드밴스트 테크놀로지' 프로젝트로 새로운 길이 또 열렸다. 2005년 프랑스 낭시에서 마련된 이 프로젝트는 주목의 뿌리를 영양액에 넣어 키우는 것이다. 뿌리를 정기적으로 잘라내서 유효 성분을 추출하므로 나무를 살릴 수 있다.

어떤가? 주목은 정말 특별한 나무가 아닌가?

환각을 일으키는 미치광이 풀

독말풀*Datura stramonium*은 독성이 매우 강한 식물이다(19쪽 사진 23 참조). 환각을 일으키기 때문에 독말풀을 먹는 행동은 매우 위험하다.

독말풀속에는 가짓과에 속하는 식물 10여 종이 포함된다. 가짓과에는 가지, 토마토, 감자뿐 아니라 독성이 있으며 고약한 알칼로이드가 풍부하게 들어있는 모든 식물이 포함된다. (검고 흰) 사리풀이 좋은 예이다. 사리풀은 1881년 아하가르산맥에 사는 투아레그족이 서양인들을 독살하는 데 쓰였다. 사하라사막 횡단철도의 경로를 알아보러 왔던 사람들이 독이 든 대추를 먹고 숨졌다. 목숨을 잃은 100여 명 중 14명은 플라테르 대령의 지휘를 받던 프랑스 사람이었다. 먼저 죽은 사람들 외에 나머지는 독말풀에 중독되어 광기를 보이며 서로를 죽였다. 벨라돈나*Atropa belladonna*도 독말풀과 비슷하지만 훨씬 더 사악하다. 르네상스시대의 아름다운 부인들은 독성이 있다는 것을 뻔히 알면서도 동공을 확장시키고 눈빛이 반짝거리게 할 목적으로 벨라돈나를 사용했다. 맨드레이크*Mandragora officinarum*에도 수많은 전설이 따라다닌다. 그중 하나는 나무를 베어낼 때 나무가 비명을 지른다는 설이다.

독말풀에는 멋진 별명이 많은데, '따가운 감자', '마녀의 풀', '두더지잡이', '천사의 나팔', '잠들게 하는 여인', '광인의 풀', '독사과', '죽음의 나팔' 등 아주 서정적이거나 아예 현실적인 이름들이다. 프랑스에서는 흔히 '스트라무안stramoine'이라고 부른다. 미국에서는 '제임스타운Jamestown'이나 '짐슨 위드jimson weed'라고 부르는데, 1676년에 버지니아주의 제임스강 근처에서 한 요리사가 시금치 대신 독말풀 잎을 요리해서 영국 병사들에게 주었기 때문이다. 병사들은 죽지 않았지만 열하루 동안 지속적인 정신착란에 시달렸다.

독말풀에는 아트로핀과 스코폴라민 등 강력한 알칼로이드가 들어있다. 신경계에 작용하며 항경련 효과가 있는 이 두 물질은

독말풀 ***Datura stramonium***

약품의 성분으로 사용된다.

프랑스 사람들은 독말풀을 '잠들게 하는 여인'이라고 부르는데, 거기에는 이유가 있다. 18세기 파리에서 독말풀로 만든 가루담배나 음료를 행인들에게 주던 사람을 '잠들게 하는 사람'이라고 불렀던 것이다. 행인이 잠들면 지갑을 털어 갔다. 범행 대상은 주로 부르주아 계층이나 부유한 과부였고 공공장소와 합승 마차에서 범행이 일어났다. 엑상프로방스에서는 한 노파를 화형에 처했는데, 양갓집 규수들을 독말풀로 꾀어 호색한들에게 넘겼다는 것이 이유였다. 이처럼 독말풀에 얽힌 사연은 아주 많다. 예를 들어 옛 식물학 개론서에서 저자는 이렇게 적었다.

> 엑상프로방스에서 한 포주와 그 부인이 실오라기 하나 걸치지 않고 묘지에서 밤새 춤추는 장면이 목격되었다. 야바위꾼들이 독말풀로 두 사람을 정신착란 상태에 빠트렸고 이들은 기괴한 행동으로 묘지를 모독했다.

얼마나 황당한 이야기인가! 이와 비슷한 일들이 19세기 인도에서도 벌어졌다. 도둑이 사람들에게 독말풀을 먹인 것이다. 이런 일은 세계 곳곳에서 벌어졌는데, 단순한 절도가 아니라 끔찍한 살인과 음독 사건들이었다. 1996년에 뭄바이 근교의 한 섬유

공장에서 60여 명이 식중독으로 목숨을 잃었는데, 조사해 보니 밥에 독말풀 성분이 있었다.[9]

독말풀은 환각도 일으키지만 직접 실험할 생각은 하지도 말라. 부작용이 대단하기 때문이다. 경련, 장기적인 시각장애, 공황장애, 질식감, 끔찍한 환각 등이 결국에는 혼수상태나 심장마비로 이어질 수 있다. 짜릿한 기분을 맛보고 싶었던 사람들이 극한의 감각을 경험하고 결국 응급실로 실려 가는 일이 매년 발생한다. 경험한 사람들의 증언도 놀랍다. 한 젊은 남자는 맹수에게 공격당하는 끔찍한 환각을 보았고, 어떤 젊은 여자는 초록색 거북에게 공격당하는 환각을 보았다고 전했다. 환각은 악몽처럼 끔찍할 수 있고 심각한 결과를 초래한다.[10] 어린이가 우발적으로 독말풀에 중독되는 사례도 있다.

그러나 독말풀은 천식 증상을 완화하는 치료 목적으로 사용되기도 했다. 19세기에는 독말풀 담배를 구해 피울 수도 있었다. 프랑스의 유명한 작가 마르셀 프루스트(1871~1922)도 천식이 있어서 독말풀 담배를 자주 피웠다. 담배에는 독말풀뿐 아니라 벨라돈나와 사리풀, 아편, 월계귀룽나무도 들어갔다. 양을 착각하지 않는 게 좋았다. 아니면 다시는 살아서 기침하는 일이 없을 테니…….

그런데 치료를 위한 함량과 독성 반응을 일으키는 함량의 차이가 아주 작아서 결국 독말풀은 더는 사용되지 않았다. 모든 것은 복용량의 문제이니, 이것은 약학의 원칙 중 하나다. 똑같은 풀이라도 사람의 목숨을 살릴 수도 있고 앗을 수도 있는 것이다. 천식 치료용 독말풀 담배의 판매가 금지된 해는 1992년이다. 담배에 든 잎을 차로 우려 마신 취약 계층 젊은이들이 목숨을 잃는 사건이 몇 차례 발생한 뒤였다. 지금도 젊고 취약한 계층에서 위험은 여전하다. 2017년 튀니지에서는 어떤 사람이 나쁜 마음을 먹고 22명의 학생에게 독말풀을 나눠주었다. 학생들은 모두 위중한 상태로 병원에 실려 갔다.

과거에는 유럽 등지에서 독말풀이 흑마술에 사용되었다. 마법사들이 어떻게 성적 쾌감을 느꼈는지 아는가? 독말풀과 그에 못지않게 독한 풀로 만든 고약을 타고 다니는 빗자루에 바르고 그것으로 오르가슴을 느꼈다고 한다. 진짜 그랬을까? 알칼로이드가 점막을 통과하니 그럴싸한 소리이기는 하다.

독말풀의 여러 종은 각 대륙에서 다른 용도로 쓰였다. 캘리포니아의 추마시족은 털독말풀*Datura wrightii*을 성인식, 죽은 자들과 접촉하는 의식, 치료 의식 등 다양한 목적으로 사용했다. 시에라네바다산맥에 살았던 요쿠츠족은 환각에 빠지기 위해 독말풀을 썼다.

아이티에서 독말풀은 '좀비오이'라는 특이한 별명으로 불린다. 〈워킹 데드〉 시리즈의 팬들을 위한 풀이 아닐까? 부두교 의식에 실제로 독말풀이 사용되었고 범죄자들에게도 다른 풀과 섞어 우린 차를 먹여 좀비처럼 만들었다. 옳은 길로 인도한다면서 말이다.

아메리카 대륙 깊숙이 들어가지 않아도 독말풀의 괴상한 용도를 살펴볼 수 있다. 1970년대와 1980년대에 프랑스 브르타뉴 지방에서는 독말풀로 술을 만든 농장주들이 있었다. 그들은 이 술을 방문객들에게 대접했고 그들은 저녁에 집에 돌아가지 못할 정도로 취했다. 물론 알코올 도수 때문에 취한 것이 아니었다. 민족학자들이 이 관습을 진지하게 연구하고 이것이 일종의 의식이었음을 밝혀냈다. 민족학 학술지에 발표된 그들의 논문은 모르비앙 지방에서 수행한 조사 과정을 담고 있다. '시음'에는 주로 미혼 남성들만 참석했다. 이들은 소규모 농장에서 일했고 아무도 모르게 일정한 장소에서 만났다.[11] 즉 매우 특별한 환경에서 시음이 이루어진 것이다. 비밀스러운 풀은 '질그레 jilgré'라고 불렸다. 여자들은 한 번도 들어본 적이 없는 풀이다. 물론 환각을 일으키는 술 한잔의 비밀에 대해서는 알고 있었지만……. 술을 나눠주는 방법도 특이했다. 주인이 '실수로' 한잔을 따라주면 남자들은 모두 '뜻밖에' 술을 받았다. 약물을 사용한 사이클링 선수처럼 그들도 뭐가 뭔지 몰랐다는 것이다. 또 재미있는 것은 풀이 환각 효과를 일으키는 것에 대해 일언반구도 하지 않았고 다만 일탈을 부추기는 풀이라고만 생각했다. 그리고 말이 어디선가 풀을 뜯어 집으로 가져온 것이라고 했다.

이러니 브르타뉴의 농부와 시에라네바다산맥의 원주민은 비교가 안 된다.

독말풀은 16세기에 유럽에 처음 유입되었고, 지금은 흔히 볼 수 있는 식물이다. 밭에서 자라고 '잡초'로 취급된다. 황무지나 폐허에서도 볼 수 있다. 확산 속도는 빠르지 않지만 농지에는 문제가 된다. 특히 유기농 경작지에 독말풀의 흔적이 가끔 나타난다. 2019년 2월 유기농 메밀 가루가 독성이 있을지도 몰라서 전량 수거된 일도 있었다.

독말풀의 원예용 변종은 매우 다양한데 흰색, 분홍색, 노란색 등 종 모양의 화려하고 우아한 꽃을 피워 집 마당과 공원을 수놓는다. 하지만 조심하길! 아무리 예쁜 변종이라도 독성은 여전하다.

결국 독말풀은 무서운 결과를 낳을 수 있는 식물이다. 다른 모든 식물이 그렇듯이 독말풀이 일부러 못돼먹은 것은 아니다. 하지만 샐러드로 만들어 먹지 않는 것이 신상에 좋다. 우연히 독말풀에 중독되는 사건이 일어나지만 재미로 맛을 본다는 건 정말 의식이 없거나 아예 바보 같은 짓이다. 다른 많은 독성 식물과 마찬가지로 독말풀도 치료에 쓰인다. 가짓과에 속하는 독말풀은 아트로핀을 가지고 있어서 부교감신경 질환을 치료하는 약 등 여러 의약품 제조에 쓰인다. 이러니 독말풀이 무정하다고 누가 탓할 수 있을까?

연쇄살인범들이 좋아한 식물

스트리크닌은 비소, 청산가리와 함께 살인자들이 가장 많이 사용하는 독이다. 그리고 당연히도 이 무서운 독은 식물에 들어있다. 먼저 끔찍한 살인 사건 이야기로 시작해 보자.

유명한 작가이자 독의 여왕인 애거사 크리스티는 1920년에 발표한 첫 소설 《스타일스 저택의 괴사건》에서 스트리크닌을 범죄 무기로 사용했다. 피해자는 부유한 미망인 에밀리 잉글소프이다. 당시 스트리크닌은 약국에 가서 얼마든지 구할 수 있는 강장제였다. 믹 개리스 감독의 영화 〈사이코 4〉에서도 주인공이 스트리크닌으로 모친과 그녀의 애인을 살해한다. 이처럼 문과 영화에서 스트리크닌으로 범죄를 저지른 사례는 많이 찾아볼 수 있지만 현실이 소설을 뛰어넘을 때도 많다.

토머스 닐 크림(1850~1892)은 퀘벡주 몬트리올에 있는 맥길대학교 의대를 졸업했다. 그는 희대의 살인마로 유명하다. 양복과 실크해트, 콧수염으로 멋을 낸 우아한 신사였던 그는 글래스고에서 태어나 캐나다에 이주해 살았고 클로로폼을 주제로 박사 논문을 썼다. 1876년에 플로라 브룩스라는 여성과 결혼했는데, 그녀는 이듬해인 1877년에 사망했다. 공식적인 사인은 질병이었다. 공교롭게도 그녀가 죽은 것은 남편에게 낙태 수술을 받은 뒤였다. 이후 크림은 병원을 차렸는데, 1879년에 여자 환자 한 명이 사망했다. 진료실 뒤쪽에서 시체가 발견되었지만 사람들은 여자가 클로로폼을 사용해 스스로 목숨을 끊었다고 믿었다. 어렵쇼? 이후 크림은 미국에 돌아가 불법 낙태 시술을 했다. 그러던 중 매춘부 한 명이 그에게 진찰을 받고 죽었다. 몇 달 뒤에 또 다른 환자가 스트리크닌이 든 낙태약을 먹고 죽었다. 이 의심스러운 의사의 커리어에 남자 희생자가 처음 등장한 것도 이때다. 간질약에 스트리크닌을 아주 소량 섞었더니…… 꿱! 계획은 실패할 리 없었다. 크림은 결국 체포되어 얼마간 감옥에서 지냈다. 하지만 이 무서운 의사는 사면되어 이번에는 런던으로 건너갔다. 그곳에서 진짜 심각한 사건이 벌어졌다. 그전에 벌어진 모든 일은 우리의 사이코패스에게 몸풀기에 불과했다.

1891년 넬리라는 이름의 열아홉 살 매춘부의 시신이 발견되었다. 스트리크닌에 중독되어 끔찍한 고통 속에 죽어간 흔적이 역력했다. 넬리는 스트리크닌이 일으킬 수 있는 증상을 모두 겪은 것으로 보였다. 근육 경련, 날카로운 고통, 경기, 심장마비, 질식……. 스트리크닌은 몸에 끔찍한 반응을 일으킨다. 일주일 뒤에는 마틸다라는 매춘부가 또 죽었다. 앨리스와 엠마도 똑같은 운명을 맞이했다. 크림은 결국 체포되어 사형 선고를 받았다. 그는 교수형으로 죽었다. 스트리크닌이 일을 마무리할 수 있었을 텐데. 이 대단한 의사 크림은 당시 악명을 떨치던 잭 더 리퍼가 자신이라고 주장하기도 했다. 똑같이 매춘부를 살해했고 프로파일도 맞아떨어지니 그의 말을 믿을까도 싶지만 사실은 그렇지 않다. 수많은 가설이 세워진 결과 잭 더 리퍼는 다른 사람으로 밝혀졌다. 병적인 정신 상태를 가지고 있던 크림이 잭 더 리퍼의 유명세를 질투했던 것일까?

아무튼 그의 이야기는 스트리크닌으로 할 수 있는 일은 다 보여준 좋은 예였다. 물론 따라 할 건 아니지만. 사람을 죽이다니, 그건 나쁜 짓이다. 식물로 할 수 있는 좋은 일이 얼마나 많은데! 마당을 꾸미고, 채소를 키우고, 밸런타인데이에 연인에게 꽃다발을 선물하는 등 말이다. (주목, 독말풀, 마전으로 만든 꽃다발은 피하길!) 추리소설 애호가들을 위한 도입부가 끝났으니 이제 조금 더 식물학적인 관점으로 넘어가자.

스트리크닌은 스트리크노스속*Strychnos*의 식물들이 만들어내는 성분이다. 여기에 200종 가까운 식물이 포함되고, 주로 열대 지역에서 볼 수 있다. 아프리카에서 75종, 남아메리카에서 73종, 아시아에서 44종을 만날 수 있다. 이들은 모두 마전과에 속한다.

가장 유명한 식물은 마전*Strychnos nux-vomica*이다(17쪽 사진 21 참조). 인도 남부 말라바르와 스리랑카가 원산지인 키 작은 나무다. 열매가 그 유명한 마전자다. 마전자에는 13개의 알칼로이드가 들어있고, 대표적인 것이 가공할 스트리크닌과 브루신이다.

1818년 프랑스의 화학자인 피에르-조제프 펠티에(1788~1842)와 조제프 카방투(1795~1877)가 마전에서 스트리크닌을 분리했다. 두 사람은 카페인과 퀴닌을 분리하기도 했다. 스트리크닌은 수용성이 거의 없는 결정 형태를 띠며 무취에 쓴맛이 난다. 주로 씨앗에 많이 들어있지만 나무 전체에 골고루 분포되어 있다.

이후 펠티에와 카방투는 브루신도 판별했다. 알렉상드르 뒤마(1802~1870)는《몬테크리스토 백작》에서 브루신을 언급한다.

"누아르티에 씨가 만든 약으로 어떻게 생-메랑 부인을 죽일 수

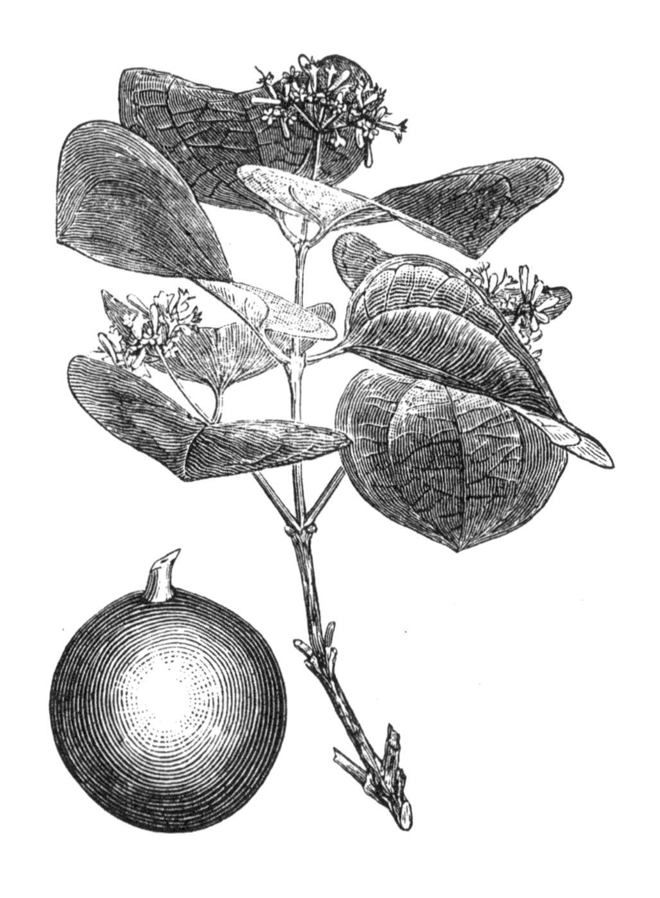

마전 *Strychnos nux-vomica*

있습니까?"

"간단합니다. 어떤 질병에는 독이 약이 되는 걸 아실 겁니다. 마비도 그런 질병 중 하나죠. 누아르티에 씨가 다시 움직이고 말을 할 수 있도록 모든 약을 다 써봤고 이제 최후의 수단을 시도하기로 마음먹었습니다. 석 달 전부터 브루신으로 치료하는 중입니다."

뒤마는 소설을 쓰려고 자료 조사를 충분히 한 덕분에 독약의 효과를 잘 알았다. 똑같은 식물에서 추출한 똑같은 성분이 독이 될 수도 있고 약이 될 수도 있다는 사실을 알았던 것이다. 문제는 양이었다. 독성 성분에 익숙해진 누아르티에 씨는 다른 사람에게 썼다면 치사량이었을 독에도 죽지 않았다. 생-메랑 부인은 죽었으니 그 원인을 쉽게 알 수 있다.

"신경 발작, 뇌의 과도한 흥분, 중추의 마비로 반수 상태가 멈춘 것입니다. 생-메랑 부인은 브루신이나 스트리크닌의 치사량 복용으로 사망했습니다."

프랑스에서 스트리크닌과 브루신은 마비를 치료하기 위해 사용되다가 1982년에 금지되었다. 스트리크닌은 1999년까지 쥐약 제조에 사용되었다.

요즘도 가끔 스트리크닌 중독 사건이 발생한다. 2008년에 오스트리아의 한 시장이 정체를 알 수 없는 사람이 준 초콜릿을 먹고 쓰러졌다. 알고 보니 초콜릿에 스트리크닌이 들어있었다.[12] 2011년에는 프랑스에서 한 농부가 두더지 잡는 약을 고의로 먹고 중독되었다.[13]

스트리크노스속에 속하는 착하디착한 식물 중에는 스트리크노스 톡시페라*Strychnos toxifera*도 있다. 근육을 마비시키는 독을 만들어내는 남아메리카의 덩굴나무이다. 원주민들은 밀림에서 사냥하기 위해 다른 식물 추출 성분과 혼합해서 화살에 바르는 독인 쿠라레를 만든다. 이 나무는 스트리크닌을 만들지는 않지만 수액에 든 독은 매우 강력하다.

스트리크닌은 중추신경계를 자극한다. 적은 양을 쓰면 호흡 기능을 개선할 수 있다. 그래서 도핑 약물로 사용되기도 했다. 1904년에 미국의 마라톤 선수 토머스 힉스는 스트리크닌 덕분에 올림픽에서 금메달을 땄다. 그가 경기 내내 2등으로만 달리자 뛰는 도중에 미량을 (증류주와 함께) 먹였는데 이는 별 효과를 내지 못했다. 그래서 다시 한번 먹이자 약효가 증폭되었다. 그는 결승선을 지나서 쓰러졌고 메달을 받으러 가야 하는데 일어서지도 못했다. 만약 그를 추월한 선수가 속임수를 써서 일부 구간을 자동차로 달리다가 차가 고장 나지 않았다면 그도 우승하

지 못했을 것이다.[14]

스트리크닌이 목숨을 앗아갈 수도 있고 에너지를 증폭시킬 수도 있지만 치료 효과도 있다. 인도의 전통의학인 우나니에서는 수백 년 전부터 마전을 사용했다. 혈압을 올려주는 '후다르'라는 환약의 재료로 쓴 것이다. 열매는 물이나 젖에 담가서 독성 성분을 빼냈다.

인도의 아유르베다와 우나니뿐 아니라 중국과 티베트의 전통의학에서도 마전을 써왔다. '쿠필루'라고 불리는 마전은 마비, 류머티즘, 열병 등을 치료하는 데 쓰이며, 이때 많은 양이 사용된다. 암, 박테리아, 염증, 설사를 막는 효과가 있는지 알아보는 실험도 진행 중이다.

어쨌든 마전은 의학 분야에서 잠재성이 매우 큰 식물이다. 물론 사고는 한순간에 일어날 수 있으니 조심해서 다뤄야 할 것이다. 애거사 크리스티나 알렉상드르 뒤마가 상기시켜 주듯이 부작용 중에 사망이 있으니 말이다.

에필로그

지금까지 소개한 식물들의 이야기로 소름이 돋고 입가에 웃음이 번졌기를! 그리고 무엇보다 식물의 놀라운 세계에 대해 더 많이 알게 되었기를 빈다. 나는 이 책에서 사악한 식물들을 소개하고자 했다. 따갑고, 간지럽고, 화상을 입히는 식물들, 재채기와 눈물을 유발하는 식물들, 중독과 질병을 일으키는 식물들을 말이다. 그중 가장 악마 같은 식물들은 치명적이기까지 하다.

수많은 식물 중에 이 책에 소개할 식물 몇 개만 선택해야 했다. 물론 그 밖에도 우리를 곤란하게 만드는 골칫덩어리 식물을 더 열거할 수 있다.

예를 들어 대장에 폭죽을 터뜨려 줄 장난꾸러기 식물들이 있다. 양파를 까면 눈물이 난다고 했는데, 우리의 익살꾼 양파 껍질에 소화가 잘되지 않는 당이 들어있고 소화될 때 배에서 천둥 소리가 울려 퍼지게 할 수 있는 황 화합물이 들었다는 소리는 하지 않았다. 돼지감자라고도 하는 뚱딴지도 부산한 면이 있는 채소다. 우리의 소화효소가 효력을 발휘하지 못하는 당인 이눌린이 들어있기 때문이다. 장내 미생물이 이눌린을 소화하는 과정에서 메탄 같은 가스가 발생한다. 온실효과를 일으키는 건 소의 방귀만은 아닌가 보다.

외래침입종 중에는 세계 정복에 나선 호장근과 모든 박멸 노력에도 끄떡없이 요란하게 확산하는 루드비기아(루드비기아 페플로이데스*Ludwigia peploides* 또는 루드비기아 그란디플로라*Ludwigia grandiflora*)가 있다.

독성을 가진 식물이라 하면, 어여쁘지만 매우 위험한 은방울꽃(절대 꽃을 꽂았던 화병의 물을 마시면 안 된다)과 소크라테스가 먹었던 독당근도 떠오른다. 콜키쿰, 벨라돈나, 월계귀룽나무도……. 잠재적인 범죄자 시리즈에 최적일 식물들도 잊지 못하겠다. 마약과 관련해서는 '페요테'라는 예쁜 이름의 선인장과 환각을 일으키는 메스칼린에 관해서도 할 얘기가 얼마나 많은지! 중국에서 벌어진 두 차례 전쟁의 씨앗이 되었던 양귀비는 또 어떻고! 크라톰*Mitragyna speciosa*이라고 들어본 적이 있을 것이다. 동남아시아가 원산지인 이 식물은 우리의 정신에 영향을 미치는 것으로 알려져 있다. 아편성 진통제의 대체재로 쓰이는 이 식물의 섭취는 해가 없지 않다. 2016년과 2017년에 미국에서 91건의 사망 사건이 보고되기도 했다.[1]

독성 식물이 의약품으로 사용될 수도 있다. 그러나 독성이 매우 강한 것으로 드러난 약초들도 있다. 광방기*Aristolochia fangchi*와 분방기*Stephania tetrandra*를 혼동해서 문제가 된 일도 있었다. 두 식물은 중국의 한의학에서 사용되었는데 한자어 이름이 비슷하다. 광방기는 유전자 변형을 일으키는 아리스톨로크산 때문에 강력한 발암물질이다.[2] 1990년대에 벨기에에서는 100여 명의 여성이 잘못해서 광방기가 들어간 다이어트 약물 처방을 받고 매우 심각한 신부전을 앓았다. 2017년에 발표된 연구 결과에 따르면 아시아의 전통의학에서 광방기를 처방하는 바람에 특히 신장암을 비롯한 많은 암이 발생했다.

자연을 생각할 때 우리는 자연이 주는 것에만 관심을 쏟는다. 자연이 우리에게 베푸는 것은 사실이다. 그것도 아주 많이. 독성 식물마저도 의약품의 원료가 될 때가 많다. 또 우리의 식량이 되어주기도 한다.

감자는 솔라닌이라는 독이 든 식물이다. 날것으로 먹으면 두통, 구토, 복통, 현기증, 설사 등 중독 증상을 유발할 수 있다. 하지만 우리는 감자를 얼마나 좋아하는가! 마약도 치료 성분이 될 수 있고 어떤 나라에서는 문화적으로나 영적으로 중요한 역할을 수행한다.

외래침입종이나 알레르기 유발 식물도 못 말리는 악동들이지만 우리의 생활 방식, 우리의 습관, 특히 현대사회에서 우리가 환경을 운영하는 방식을 돌아보게 한다.

기름야자*Elaeis guineensis*는 골칫덩이 식물 순위에 이름을 올릴 유력한 후보다. 삼림 벌채와 척박한 토양, 건강에 좋지 않은 기름 제공 등으로 비난을 받을 수 있다. 하지만 기름야자가 그렇게 되고 싶다고 한 건 아니지 않은가! 기름야자는 오래전부터 서아프리카 지역에서 재배되면서 주민들에게 많은 도움이 된 식물이다. 과육에서 짜낸 팜유와 씨에서 짜낸 팜핵유뿐만 아니라 목재도 제공해 준다. 식품, 화장품, 위생용품의 원료로도 사용되며 고급 가구 세공과 지붕 만드는 데도 쓰인다. 또 고향에서는 문화적 역할을 한다. 기름과 열매를 파는 여성들이 시장에 모이는 매개가 되기 때문이다. 따라서 기름야자는 가장 존중해야 할 식물 중 하나다.

이러한 식물들에 대해서 우리가 발견해야 할 것은 아직도 많다. 예를 들어 기후변화가 이 식물들에 어떤 영향을 미칠지 생각해 볼 수 있다.

코카나무의 경우 과학자들의 의견은 두 갈래로 나뉜다.[3] 코카나무는 강인하고, 습하든 건조하든 서식지를 가리지 않고 자란다. 일부 과학자들은 유전적 다양성을 가진 코카나무가 기후변화에 잘 적응하리라고 생각한다. 그러나 회의적인 과학자들은 기후가 달라지면서 코카나무가 카카오나 커피나무 등 다른 열대작물처럼 큰 피해를 입을 것이라고 예측한다.

반대로 침입종은 기후변화의 덕을 볼지도 모르겠다. 적응력이 뛰어나고 균형이 깨진 환경을 잘 이용하기 때문이다. 원래 침입종이 아닌 식물이 침입종이 될 수도 있다. 기온이 더 올라가면서 더운 지역에서 온 식물의 생존율이 더 높을 것이다.

많은 연구가 진행 중이지만 워낙 많은 요소를 고려해야 하므로 지금으로서는 미래의 모습을 예측하기가 어렵다. 인간의 이동량이 늘어나면서 수많은 종이 여전히 세계 전역으로 퍼져나간다. 기후변화가 몇몇 종에 어떤 영향을 미칠지 이미 밝혀낸 연구도 있다. 남인도양의 케르겔렌 제도에서는 기온 상승과 강수의 변화로 서양민들레*Taraxacum officinale*가 고유종을 물리치고 퍼져나갔다.[4] 남아메리카가 원산지인 앵무새깃물수세미*Myriophyllum aquaticum*도 분포 지역이 북유럽으로 확장될 것이다. 돼지풀도 기후변화로 인해 확산되고 결국 꽃가루 알레르기도 증가하리라는 사실을 이미 살펴보았다.

미래가 창창한 연구 분야는 또 있다. 의약품으로서의 식물의 잠재성이다. 이 분야에서 생물다양성은 소중한 보고와 같다. 그러나 자원이 연기처럼 사라지지 않도록 보존에 힘써야 한다.

예를 들어 어떤 식물이 독성 성분을 만들어낸다면 그것은 주로 포식자를 물리치기 위함이다. 식물은 곤충을 죽이는 힘을 가지고 있는 셈이다. 프랑스의 농업발전연구국제협력센터CIRAD는 서아프리카의 농경지에 피해를 주는 곤충들을 죽일 수 있는 식물을 활용할 방법을 연구 중이다. 스포돕테라*Spodoptera*라는 나방은 수수와 벼 등 80여 종 이상의 식물에 엄청난 피해를 입힌다.[5] 사막메뚜기도 피해를 주는 곤충이다. 농부들이 입는 경제적 피해가 매우 크지만 살충제는 비용이 들고 독성도 무척 강하다.

식물이 이런 화학제품의 대체재가 될 수 있도록 하는 연구도 진행 중이다. 님나무*Azadirachta indica*는 인도가 원산지인데 곤충과 균류, 해충 박멸 효과가 있다. 어떤 종이 어떤 방식으로 활용될 수 있을지, 또 농부들이 어떻게 이런 종을 도입할지, (살충식물에서 추출한) 천연제품의 생산비를 어떻게 낮출지 모색하는 연구들도 진행 중이다.

식물에는 장점이 많다. 식물은 아직 알아내야 할 비밀을 많이 품고 있다. 우리의 미래가 식물의 거대한 잠재성에 달려 있기까지 하다.

이 책이 식물을 새로운 눈으로 바라볼 기회를 주었기를 바란다. 그들의 비밀과 역사, 유용성을 알게 되었으니 더는 예전처럼 식물을 바라보지 않기를! 또 식물을 더 잘 알게 되었으니 그들에게 더 많은 애정을 쏟아주기를!

감사의 글

친애하는 전문가들에게 진심 어린 감사의 말을 전하고 싶다. 그들은 친절하게 이 책의 감수와 적절한 조언에 소중한 시간을 내주었다.

약사인 콜레트 켈러와 장-피에르 졸라는 코카나무에 대해 모르는 게 없는 전문가들이다. 낭시대학교 의대 교수이자 알레르기 전문의인 지젤 카니는 우리의 코를 자극하는 식물들에 대해 귀중한 지적을 해주었다. 로렌대학교 약학대학 강사인 마리-폴 아젠프라츠는 약초 전문가이고, 국립자연사박물관 교수인 세르주 뮐레르는 외래침입종의 유명한 전문가이다. 그런가 하면 식물학자인 오렐리앵 부르는 앉은부채를 알아볼 줄 아는 남자다.

나에게 영감을 주는 충직한 식물학자이자 무서운 교정자인 세바스티앵 앙투안에게도 늘 고맙다.

날카로운 이와 발톱을 가졌지만 다행히 독성 식물은 그다지 씹어 먹지 않는 두 괴물 데르주와 타트라스에게도 심심한 감사의 뜻을 전한다.

뒤노출판사의 안 퐁퐁은 나를 대단히 신뢰해 주고 제목에 관한 반짝이는 아이디어를 주었다.

때로는 망나니 같은 모든 식물에 그래도 우리 삶의 활력소가 되어줘서 고맙다는 말을 하고 싶다.

주

1. 통곡의 정원

1. https://archiveweb.epfl.ch/qi.epfl.ch/question/show/204/index.html
2. Arens A., Ben-Youssef L., Hayashi S., Smollin C., 《Esophageal Rupture After Ghost Pepper Ingestion》, *J Emerg Med.*, 2016 Dec;51(6):e141-e143.
   https://actualite.housseniawriting.com/hoax/2016/11/19/hoax-un-piment-rouge-peut-trouer-votre-oesophage/19297/
3. Boddhula S. K., Boddhula S., Gunasekaran K., et al., 《An unusual cause of thunderclap headache after eating the hottest pepper in the world — "The Carolina Reaper"》, *Case Reports*, 2018;2018:bcr-2017-224085.
4. Han Y., Li B., Yin T.-T., Xu C., Ombati R., Luo L., et al., 《Molecular mechanism of the tree shrew's insensitivity to spiciness》, *PLoS Biol*, 2018, 16(7):e2004921.
5. Chopan M., Littenberg B., 《The Association of Hot Red Chili Pepper Consumption and Mortality: A Large Population-Based Cohort Study》, *PLoS One*. 2017; 12(1):e0169876.
6. Lv J., Qi L., Yu C., Yang L., Guo Y., Chen Y. et al., 《Consumption of spicy foods and total and cause specific mortality: population based cohort study》; *BMJ* 2015;351:h3942.
7. https://www.revmed.ch/RMS/2008/RMS-162/Prise-en-charge-medicamenteuse-de-la-douleur-neuropathique-quelle-place-pour-les-traitements-topiques
   https://www.pharmasante.org/autres-cremes-anesthesiantes/
   Van Rijswijk J. B., Boeke E. L., Keizer J. M., Mulder P. G., Blom H. M., Fokkens W. J., 《Intranasal capsaicin reduces nasal hyperreactivity in idiopathic rhinitis: a double-blind randomized application regimen study》, *Allergy*. 2003 Aug;58(8):754-61.

좀 더 최근 연구를 찾아보고 싶다면 :
https://www.cochrane.org/fr/CD004460/capsaicine-pour-la-rhinite-allergique
Fokkens W., Hellings P., Segboer C., 《Capsaicin for Rhinitis》, *Curr Allergy Asthma Rep.*, 2016;16(8):60.

2. 우리의 피부를 공격하는 식물

1. New Zealand Plant Conservation Network :
http://www.nzpcn.org.nz/flora_details.aspx?ID=1354
2. https://www.stuff.co.nz/science/83197300/painful-native-plant-may-hold-pain-relief-key
3. *Medicinal Plants in Australia Volume 3: Plants, Potions and Poisons*. P. 45.
4. Hurley, M., 《The worst kind of pain you can imagine' — what it's like to be stung by a stinging tree》, *The Conversation*, 2018.
https://theconversation.com/the-worst-kind-of-pain-you-can-imagine-what-its-like-to-be-stung-by-a-stinging-tree-103220
5. https://www.australiangeographic.com.au/topics/science-environment/2009/06/gympie-gympie-once-stung-never-forgotten/
Medicinal Plants in Australia Volume 3: Plants, Potions and Poisons. P. 45.
6. Schmitt C., Parola P., de Haro, L. et al., 《Painful Sting After Exposure to Dendrocnide sp: Two Case Reports》, *Wilderness & Environmental Medicine*, Volume 24, Issue 4, 471-473.
https://www.wemjournal.org/article/S1080-6032(13)00088-4/pdf
7. Eloffe, A. *L'ortie : ses propriétés alimentaires, médicales, agricoles et industrielles*, Ch. Albessard et Bérard, 1862.
8. Hugo V., *Les Contemplations*, Autrefois, Livre troisième, XXVII, 1856.
9. Gonzalo Fernandez de Oviedo y Valdes. *Natural history of the West Indies*. Chapal Hill, University of North Carolina Press. 1959.
10. Oexmelin, A-O. *Histoire des aventuriers flibustiers. Frontignières*. Chez Benoit et Jopesh Duplain, Père et Fils. 1774.
11. Strickland NH. 《Eating a manchineel "beach apple"》, *BMJ* 2000;321(7258):428.

12. *Nouveau dictionnaire d'histoire naturelle appliquée aux arts, à l'agriculture, à l'économie rurale et domestique, à la médecine, etc. 19* ; Volume 7 ; Deterville, 1818.
13. Darwin, E. *Les amours des plantes.* 1789.

3. 외계 식물

1. https://www.independent.co.uk/news/world/americas/giant-hogweed-burns-virginia-alex-childress-poisonous-effects-toxic-plant-a8450226.html

4. 에취!

1. https://www.legifrance.gouv.fr/affichTexte.do?cidTexte=JORFTEXT000034503018&categorieLien=id
2. Lake, Iain, 《Climate Change and Future Pollen Allergy in Europe》, *Environmental Health Perspectives*. 125. 10.1289/EHP173. 2016.
3. https://www.bfmtv.com/sante/enquete-paris-et-les-grandes-villes-cauchemar-pour-les-allergiques-au-pollen-1180676.html
4. Fukuda K. et al., 《Prevention of allergic conjunctivitis in mice by a rice-based edible vaccine containing modified Japanese cedar pollen allergens.》, *Br J Ophthalmol.*, 2015 May;99(5):705-9.
   https://japantoday.com/category/features/health/genetically-altered-rice-could-solve-japans-pollen-allergy-problem
5. https://www.pasteur.fr/fr/espace-presse/documents-presse/allergies-reactivite-croisee-entre-pollen-cypres-pechesagrumes-enfin-expliquee
6. https://link.springer.com/article/10.1007/s10453-006-9023-1
7. Song J.-K. et al., 《Climate Change Influences the Japanese Cedar (Cryptomeria japonica) Pollen Count and Sensitization Rate in South Korea》, *bioRxiv* 340398. 2018.
   Grégori M. et al., 《Pollin'air : un réseau de citoyens au service des personnes allergiques》, *Revue Française d'Allergologie*, Volume 59, Issue 8, December 2019, Pages 533-542.

8. http://www.pollinair.fr/

5. 가짜 천국

1. https://www.who.int/fr/news-room/fact-sheets/detail/tobacco
2. Barbier C., *Histoire du tabac. Ses persécutions*, 1861.
3. Kauffeisen L. Le premier empoisonnement criminel par la nicotine. In : *Revue d'histoire de la pharmacie*, 20e année, n° 80, 1932. pp. 161-169.
4. Furer, Victoria et al. "Nicotiana glauca (tree tobacco) intoxication--two cases in one family." *Journal of medical toxicology: official journal of the American College of Medical Toxicology* vol. 7,1 (2011) : 47-51.
5. https://www.maxisciences.com/enfant/des-milliers-d-enfants-ouvriers-des-plantations-de-tabac-empoisonnes-a-la-nicotine_art3360.html
6. Dillehay, T., Rossen, J., Ugent, D., Karathanasis, A., Vásquez, V., & Netherly, P. (2010). *Early Holocene coca chewing in northern Peru. Antiquity*, 84(326), 939-953. doi:10.1017/S0003598X00067004
7. Coblence Françoise, 《Freud et la cocaïne》, *Revue française de psychanalyse*, 2002/2 (Vol. 66), p. 371-383.
8. https://www.theguardian.com/society/2018/sep/01/social-drinking-moderation-health-risks
9. Liu, Li ; Wang, Jiajing ; Rosenberg, Danny ; Zhao, Hao ; Lengyel, György ; Nadel, Dani. Fermented beverage and food storage in 13,000 y-old stone mortars at Raqefet Cave, Israel: Investigating Natufian ritual feasting. *Journal of Archaeological Science: Reports*. Vol 21 ; 2018/10/01
10. Wiens, Frank et al. "Chronic intake of fermented floral nectar by wild treeshrews." *Proceedings of the National Academy of Sciences of the United States of America* vol. 105,30 (2008) :10426-31.
11. 프랑스에서는 사탕무를 이용해 흰 설탕을 제조하는데, 이로 인해 앤틸리스 제도에서는 사탕수수로 럼을 주로 제조하게 되었다. 그러나 전 세계적으로 사탕수수를 이용해 설탕을 제조하는 게 일반적이다(설탕의 약 80퍼센트). 사탕수수로는 카소나드, 바이오에탄올 등도 만든다.

12. Ethan B. et al., 《Phytochemical and genetic analyses of ancient cannabis from Central Asia》, *Journal of Experimental Botany*, Volume 59, Issue 15, November 2008, Pages 4171-4182.
13. Jiang H., Wang L., Merlin M. D. et al., 《Ancient Cannabis Burial Shroud in a Central Eurasian Cemetery》, *Econ Bot* 70 213-221 (2016).
14. https://siberiantimes.com/science/casestudy/features/iconic-2500-year-old-siberian-princess-died-from-breast-cancer-reveals-unique-mri-scan/
15. http://atilf.atilf.fr/
16. https://www.neonmag.fr/top-4-des-animaux-drogues-par-la-science-519004.html
17. Brunault P., *Consommer du cannabis à l'adolescence augmente le risque de schizophrénie 15 ans plus tard*, The conversation. 2018.
18. https://theconversation.com/le-cannabis-rend-il-nos-souvenirs-plus-flous-70979
19. Gobbi G, Atkin T, Zytynski T, et al. Association of Cannabis Use in Adolescence and Risk of Depression, Anxiety, and Suicidality in Young Adulthood: A Systematic Review and Meta-analysis. *JAMA Psychiatry*. Published online February 13, 201976(4) : 426-434.
https://www.ledevoir.com/societe/sante/547753/le-cannabis-a-l-origine-de-la-depression-de-jeunes-adultes
20. https://theconversation.com/bienfaits-et-risques-du-cannabis-ce-que-dit-la-science-71184
21. Crowe et al., Combined inhibition of monoacylglycerol lipase and cyclooxygenases synergistically reduces neuropathic pain in mice, *Br. J. Pharmacol.*, 2015 Apr ; 172(7) : 1700-12.
https://www.lepoint.fr/sante/consommation-de-cannabis-ce-que-dit-la-science-15-01-2017-2097298_40.php
22. Devinsky O., Cross J. H., Wright S., 《Trial of Cannabidiol for Drug-Resistant Seizures in the Dravet Syndrome》, *N Engl J Med.*, 2017 Aug 17;377(7):699-700.
https://www.sciencesetavenir.fr/sante-maladie/epilepsie-un-composant-du-cannabis-reduit-les-crises_113269

6. 치명적 악명

1. 씨방은 가종피로 보호된 씨앗으로 변한다. 가종피는 열매처럼 생겼기 때문에 '가짜 종피'라는 뜻으로 붙여진 이름이다. 리치의 먹을 수 있는 부분이 바로 가종피다.
2. 국제자연보전연맹은 자연 보전을 위해 일하는 기구이다. 지난 50년 동안 전 세계에 서식하는 동식물의 상황을 조사하고 멸종위기종을 정리한 적색 목록을 발표한다. 가장 완전하고 자세한 정보를 취합해 동식물의 멸종위기를 평가하고 대책을 마련한다.
3. 지중해 지역에서는 다육과 관목이 서양주목의 재생에 도움을 준다. D. Garcia ; R. Zamora ; J. A. Hodar ; J. M. Gomez ; *J. Castro. Biological Conservation* 95 (2000) 31 ± 38

4. Wani M. C. et al., 《Plant antitumor agents. VI. The isolation and structure of TAXOL®, a novel antileufemic and antitumor agent from Taxus brevifolia》, *J Am. Chem. Soc.* 1971;93:2325-2327.

5. 세포의 형태를 유지하게 해주는 세포의 섬유 구조.
6. 세포골격을 구성하는 섬유질.

7. Pierre P., Da Silva J. et Meijer L., 《Recherche de substances naturelles à activité thérapeutique — Pierre Potier (1934-2006)》, *Med Sci* (Paris), 28 5 (2012) 534-542.
8. Ajikumar P. K. et al., 《Isoprenoid Pathway Optimization for Taxol Precursor Overproduction in Escherichia coli》, *Science*. 2010 Oct 1;330(6000):70-4.
   MIT News:
   http://news.mit.edu/2010/cancer-drug-taxol
9. Pouchet F.-A., *Traité élémentaire de botanique appliquée : contenant la description de toutes les familles végétales, et celle des genres cultivés ou offrant des plantes remarquables par leurs propriétés ou leur histoire*. Volume 2. 1836.
10. Marc, B. et al., 《Intoxications aiguës à *Datura stramonium* aux urgences》, *La Presse Médicale* Vol 36, N° 10-C1-octobre 2007.
11. Prado Patrick, 《Le Jilgré (datura stramonium). Une plante hallucinogène, marqueur territorial en Bretagne morbihannaise》, *Ethnologie française*, 2004/3 (Vol. 34), p. 453-461. URL : https://www.cairn.info/revue-ethnologie-francaise-2004-3-page-453.htm

12. https://www.20minutes.fr/monde/211958-20080210-maire-empoisonne-chocolat-a-strychnine
13. Arzalier-Daret, S. & du Cheyron, D.《Intoxication par la strychnine en 2011 : une menace toujours présente!》*Réanimation* (2011) 20: 446.
14. https://www.vice.com/fr/article/wnvek5/steroides-et-strychnine-une-breve-histoire-du-dopage-dans-le-sport

에필로그

1. Olsen EO, O'Donnell J, Mattson CL, Schier JG, Wilson N. "Notes from the Field : Unintentional Drug Overdose Deaths with Kratom Detected — 27 States, July 2016-December 2017". *MMWR Morb Mortal Wkly Rep* 2019 ; 68:326-327.
2. Aristolochic acids and their derivatives are widely implicated in liver cancers in Taiwan and throughout Asia — Alvin W. T. Ng et al. — Science Translational Medicine 18 Oct 2017 : Vol. 9, Issue 412
3. https://www.vice.com/en_us/article/mbwdja/climate-change-might-deliver-a-serious-blow-to-cocaine-production
4. Alain Dutartre, Yves Suffran. *Changement climatique et invasions biologiques. Impact sur les écosystèmes aquatiques, risques pour les communautés et moyens de gestion*. Janvier 2011.
   http://www.especes-exotiques-envahissantes.fr/wp-content/uploads/2013/01/110211_ONEMA_CEMAGREF_ACTION_6_CHANGEMENT_CLIMATIQUE. pdf
5. http://theconversation.com/les-plantes-pesticides-au-secours-des-cultures-86898

참고문헌

서적

Albouy V. *Étonnants envahisseurs. Ces espèces venues d'ailleurs*. Quae, 2017.

Bourdu R. *Lîf.* Actes Sud, 1999.

Dauncey E. Larsson S., Les plantes qui tuent : *Les végétaux les plus toxiques du monde et leurs stratégies de défense*, Ulmer, 2019.

Delaveau P. *Plantes agressives et poisons végétaux*. Horizons de France, 1974.

Faux F. *Coca! Une enquête dans les Andes*. Actes Sud, 2015.

Hallé F. (dir.). *Aux origines des plantes*. Fayard, 2008.

Mendes Ferrão J. E. *Le voyage des plantes et les grandes découvertes*. Michel Chandeigne, 2015.

Muller S. *Plantes invasives en France*. Muséum national d'Histoire naturelle, 2004.

Schall S. *Chanvre et cannabis*. Plume de carotte, 2012.

Stewart A. *Wicked plants. The weed that killed Lincoln's mother and other botanicalatrocities*. Alonquin books, 2009.

Thinard F. *Le grand business des plantes*. Plume de carotte, 2015.

Williams C. *Medicinal Plants in Australia Volume 3 : Plants, Potions and Poisons*. Rosenberg Publishing, 2012.

논문

Gibernau M, Quilichini A. 《La pollinisation des Aracées》 : https://www.jardinsdefrance.org/la-pollinisation-des-aracees-des-histoires-damour/

Hurley M. 《The worst kind of pain you can imagine' —what it's like to be stung by a stinging tree》 : http://theconversation.com/the-worst-kind-of-pain-you-can-

imagine-what-its-like-to-be-stung-by-a-stinging-tree-103220
Roux J.-C.《La culture de la coca, une plante andine d'usage millénaire》. In : Mollard É. (Ed), Walter A. (Ed). *Agricultures singulières*. Paris : IRD, 305-310. 2008.

P. 004 © Dr Keith Wheeler/SPL - Science Photo Library/Biosphoto. P. 005 (위) © Marukosu/Shutterstock. P. 005 (아래) © pisitpong2017/Shutterstock. P. 006 © Andrei Medvedev/Shutterstock. P. 007 (위) © ROBERT_WINKLER/iStock. P. 007 (아래) © mazzzur/iStock. P. 008 (위) © Alex Farias/Shutterstock. P. 008 (아래) © N. Teerink/Wikimedia/Creative Commons. P. 009 (위) © ChameleonsEye/Shutterstock. P. 009 (아래) © SariMe/Shutterstock. P. 010 (위) © Andrew Lawson/Flora Press/Biosphoto. P. 010 (아래) © Frédéric Tournay/Biosphoto. P. 011 © Katia Astafieff. P. 012 © Jeffdelonge/Wikimedia. P. 013 © Redeleit&Junker/U.Niehoff/Flora Press/Biosphoto. P. 014 (위) © Varts/Shutterstock. P. 014 (아래) © TAGSTOCK1/iStock. P. 015 (위) © JR P/Flickr. P. 015 (아래) © Richard Donovan/Shutterstock. P. 016 (위) © Stan Shebs/Wikimedia/CC BY-SA 3.0. P. 016 (아래) © lauraag/iStock. P. 017 (위) © Greentellect Studio/Shutterstock. P. 017 (아래) © Khuanphirom Naruangsri/Shutterstock. P. 018 © Frédéric Tournay/Biosphoto. P. 019 (위) © Dr Keith Wheeler/SPL - Science Photo Library/Biosphoto. P. 019 (아래) © AlexCsabo/Shutterstock. P. 035 © ilbusca/iStock. P. 043 © ilbusca/iStock. P. 051 © ilbusca/iStock. P. 052 Domaine public/Wikimedia. P. 059 Domaine public/Wikimedia. P. 061 Domaine public/Wikimedia. P. 062 © PIXATERRA/Adobe Stock. P. 065 © Nastasic/iStock. P. 071 © Epine_art/iStock. P. 082 © ilbusca/iStock. P. 096 Domaine public/Wikimedia. P. 105 © ilbusca/iStock. P. 123 Domaine public/Wikimedia. P. 131 Domaine public/Wikimedia. P. 143 © ilbusca/iStock. P. 159 © duncan1890/iStock. P. 171 © Hein Nouwens/Adobe Stock. P. 178 © annarepp/Adobe Stock. P. 189 © Nastasic/iStock. P. 199 © ilbusca/iStock. P. 210 © ilbusca/iStock.

찾아보기

〈ㄹ〉

〈ㅁ〉

〈ㅂ〉

〈ㅈ〉

〈ㅊ〉

〈ㅎ〉

나쁜 씨앗들 | 우리를 매혹시킨 치명적인 식물들

초판 인쇄 | 2023년 1월 15일
초판 발행 | 2023년 1월 20일

지은이 | 카티아 아스타피에프
옮긴이 | 권지현
펴낸이 | 조승식
펴낸곳 | 돌배나무
공급처 | 북스힐
등록 | 제2019-000003호
주소 | 서울시 강북구 한천로 153길 17
전화 | 02 - 994 - 0071
팩스 | 02 - 994 - 0073
블로그 | blog.naver.com/booksgogo
이메일 | bookshill@bookshill.com

ISBN 979-11-90855-38-9
정가 15,000원

* 이 도서는 돌배나무에서 출판된 책으로 북스힐에서 공급합니다.
* 잘못된 책은 구입하신 서점에서 교환해 드립니다.